GRAVEDAD CUÁNTICA, SUPERCUERDAS Y DIMENSIONES OCULTAS

El viaje más fascinante

"Mariposas, pájaros de luz, peces de fuego
centellearán en torno nuestro
y saldremos a explorar el infinito a través del Universo
Viajaremos en los bosques de la mente por sus senderos eternos
se revelarán nuevos misterios
nos desbordará el entendimiento
Buscaremos la oculta simetría
que moldea el mundo
imprimiéndole su sello de armonía
desde el reino inaccesible de máxima energía
el origen de toda la belleza
el dominio donde empieza
la impactante y sublime sinfonía
Vibrarán los corazones con latidos no previstos
surgirán desconocidas emociones
se abrirán las más extrañas dimensiones
la eternidad brotará en todas las direcciones

Índice

Modelos de Universo

La cosmología es la ciencia que estudia la estructura, formación y comportamiento del Universo en conjunto, el Universo a gran escala; basándose en las observaciones y datos recogidos, los cosmólogos proponen y estudian diversos modelos de Universo, aplicando las leyes físicas que conocen, expresando esas leyes en forma matemática, para ver si los resultados de la operación de esas leyes, encajan con las observaciones.

Se intenta también averiguar cuál será el destino del Universo, si la expansión continuará llevando a un enfriamiento cada vez mayor, y por tanto a una muerte térmica (Big Freeze, o Gran congelación), o si por el contrario la expansión se detendrá e invertirá llevando a una Gran implosión (Big Crunch).

El estudio cuidadoso, desde el punto de vista teórico, del modelo cosmológico estándar del Big Bang, y el intento de solucionar las cuestiones que se plantean en él, así como de encajar también las nuevas observaciones, junto con sugerencias que provienen de diversas teorías en las que se estudia la materia a nivel subatómico, ha llevado a suponer que tal vez el Big Bang no fue único, y por diversos caminos, y en diversas teorías, se propone la existencia de otros "universos", que compondrían lo que actualmente se denomina el "multiverso".

La existencia de "universos paralelos" se propuso como una interpretación de la teoría cuántica, la interpretación de "muchos mundos" de Hugh Everett, posterior a la interpretación inicial, llamada "la interpretación de Copenhague", por el papel predominante que desempeñó en ella el físico danés Niels Bohr. En la teoría cuántica un sistema físico, que puede ser una sola "partícula", o pueden ser muchas, debe ser descrito por una "función de onda"; la "función de onda" de un sistema de muchas partículas contiene todas las posibles configuraciones en que se puede hallar el sistema al efectuar una observación o medición, de modo que contiene configuraciones que forman aparatos de laboratorio, gatos, observadores y Universos enteros. Según la interpretación de Copenhague, cuando se hace una observación o medición, solo una de las alternativas contenidas en la "función de onda" se realiza (llega a ser real); según la interpretación de "muchos mundos" se realizan todas, en diferentes "universos" que coexisten pero no se perciben mutuamente.

Pero otras teorías también han conducido a pensar en la existencia de otros tipos de "universos".

Más allá del modelo estándar de la física de partículas, se ha llegado a teorías como la teoría de cuerdas, supercuerdas y teoría M; más adelante veremos cómo surgieron estas teorías, pero por ahora solo hablaremos de por qué han conducido a la idea de un "multiverso"; en estas teorías las partículas elementales no son consideradas como "puntos"; se considera que tienen una longitud diminuta, y por eso se las llama "cuerdas"; para conservar ciertas simetrías que se consideran esenciales en física, estas teorías tienen que incluir en sus fórmulas algunos términos que compensan "anomalías" que surgen en ellas y conducen a que una simetría esencial no se mantiene, cuando las restricciones impuestas por la teoría cuántica se aplican a las cuerdas (cuando se cuantizan las cuerdas); tales términos tienen un efecto compensador en las fórmulas, y la simetría requerida se recupera; como veremos más adelante, tales cantidades compensadoras se pueden considerar de diferentes maneras; puede pensarse que representan "partículas" o "campos", que la teoría sugiere que deberían existir, pero que aún no han sido descubiertos; en la historia de la ciencia esto ha ocurrido a veces; por ejemplo la existencia del neutrino se predijo teóricamente antes de que fuera descubierto; en un tipo de desintegración radiactiva parecía violarse la ley de conservación de la energía, y Wolfgang Pauli propuso que la energía que aparentemente faltaba, tal vez correspondía a que en el proceso podría estar presente una partícula, que por carecer de carga eléctrica y tener una masa muy pequeña no era detectada; si se incluía esa partícula la ley de conservación se mantenía; el neutrino fue descubierto posteriormente.

Los "campos" adicionales a los que se recurre en la teoría de cuerdas se pueden considerar como magnitudes escalares; un "campo escalar" puede ser, por ejemplo, la temperatura, puesto que se puede especificar una distribución de temperaturas en una región, dando solamente un número en cada punto de la región, que indica el valor de la temperatura en ese punto, tal como es indicada por un termómetro provisto de una escala de temperaturas (de ahí la palabra "escalar"); pero hay otros "campos" que requieren más de un número para ser especificados, por ejemplo los "campos vectoriales"; un campo de fuerza eléctrica o gravitatoria tiene, en cada punto de la región en que se encuentra, un valor especificado por un vector; los efectos de las fuerzas dependen no solo de su magnitud, sino también de la dirección y sentido en que actúan, de modo que para especificar un "campo vectorial" se requieren tres números en cada punto del espacio; dando el valor de las tres coordenadas o componentes del vector; referidas a un sistema de tres ejes perpendiculares entre sí, tanto la magnitud, como la dirección y sentido del vector en el espacio tridimensional, quedan plenamente especificadas.

Como un campo escalar es un campo de una sola componente, la introducción de cada "campo compensador" que se hace en la teoría de cuerdas, puede considerarse como la introducción de alguna "magnitud escalar", pero también puede considerarse como que se ha añadido una "componente" adicional al "espacio" en el que "viven" las cuerdas, y por lo tanto una "dimensión" o "grado de libertad" adicional; si los objetos físico-matemáticos de esta teoría (originalmente las "cuerdas"), disponen de grados de libertad adicionales, tales grados de libertad también pueden efectuar el trabajo de compensación requerido, como si esas "dimensiones extra" cancelaran el efecto no deseado de los términos que dan lugar a las "anomalías"; en un "espacio" con más "dimensiones" tales efectos pueden disiparse y cancelarse en ellas; de modo que originalmente se consideró que la teoría era consistente si se desarrollaba en un espacio con más dimensiones que nuestro espacio físico tridimensional, o el espacio-tiempo de cuatro dimensiones de la teoría de la relatividad; para explicar por qué no percibimos esas dimensiones extra se supuso que podían estar compactadas en formas geométricas muy diminutas, espacios compactos; si fuese así la geometría de esos espacios en los que se mueven y vibran las cuerdas determinaría el comportamiento y características físicas de estas; pero las matemáticas predicen muchas más posibles geometrías que las que se requieren para explicar el mundo que conocemos, de modo que también en esta teoría podrían existir "universos" o "mundos" con otras propiedades, como parte del "multiverso"; también se estudian modelos con dimensiones extra grandes, y sus posibles consecuencias y efectos (D-branas, etc.).

Otras teorías, motivadas principalmente por resolver los problemas matemáticos que aparecen cuando se intenta unir la relatividad general con la teoría cuántica, han llevado a proponer diversos modelos cosmológicos.

Cuestiones como la de cómo pudo generar el Big Bang la uniformidad observada actualmente, llevaron a Alan Guth a proponer una inflacción muy acelerada al principio, y esto también lleva a pensar en la posible generación de otros "universos".

La fuerza que impulsa la expansión es relacionada por los cosmólogos con la llamada "constante cosmológica", cuyo valor debe estar muy finamente ajustado para la expansión que se observa.

Nuestra Galaxia: la Vía Láctea

Desde las primeras observaciones de Galileo con el telescopio se apreció que esa mancha blanquecina que cruza el cielo, conocida desde la antigüedad como la "Vía Láctea" o "La Galaxia" (derivado de la palabra griega "galaktós": "leche" o "de aspecto lechoso") era realmente una gran acumulación de estrellas, y actualmente está considerada como uno de los brazos espirales de la galaxia en que se encuentra el Sol y su sistema.

Se planteó si muchas de las llamadas nebulosas que se conocían no serían también agrupaciones de estrellas, y no solo nubes de polvo y gas; el asunto se resolvió en las primeras décadas del siglo XX, cuando el uso de telescopios cada vez más grandes permitió apreciar estrellas individuales en ellas; muchas de las "nebulosas" eran realmente galaxias, agrupaciones de millones de estrellas, y actualmente se considera que hay millones de ellas en el Universo observable, agrupadas a su vez en cúmulos galácticos y supercúmulos.

Se considera que la galaxia a la que pertenece el Sol, la Vía Láctea, forma parte del llamado "grupo local", del que también forman parte la galaxia de Andrómeda y las Nubes de Magallanes. Las estrellas se acumulan más en el centro de las galaxias; en el caso de la Vía Láctea se considera que su parte central está en una zona donde hay gran cantidad de cúmulos globulares de estrellas, mientras que el sistema solar está en uno de sus brazos espirales.

La refracción de la luz

Debido al importante papel que el fenómeno de la refracción de la luz (y otras radiaciones) ha desempeñado en la investigación de la materia y la energía, vamos a considerar brevemente su explicación. Cuando la luz visible atraviesa un prisma de vidrio, entrando por una cara del prisma orientada oblicuamente a la dirección de propagación del rayo luminoso, aparecen separados los diferentes colores que componen la luz blanca; este es un fenómeno familiar que muchos habrán observado, y es semejante al arco iris, donde las diminutas partículas de agua de la atmósfera actúan como pequeños prismas.

De modo que la luz blanca se divide o refracta en los colores que la componen; la razón de esto es que la luz viaja a una velocidad menor dentro del vidrio, y al entrar en él, experimenta un frenado, tal como, por ejemplo, le ocurriría a una persona que estuviese avanzando por el agua, y se topase de repente con una zona donde hay mucho lodo disuelto; el aumento en la densidad del medio le haría ir más despacio. En el caso de las ondas de luz, su interacción con las partículas del vidrio tiene un efecto semejante.

Si el "frente de onda" está orientado oblicuamente con relación a la cara del prisma por donde entra, una parte del "frente" entra primero en el vidrio y es frenada, mientras que el resto del "frente de onda" sigue avanzando a su velocidad normal, y eso es lo que hace que se desvíe en un ángulo determinado que depende de su frecuencia.

Se puede entender fácilmente con algunos ejemplos; imaginemos un automóvil que avanza por una carretera asfaltada, pero llega un momento en que la parte asfaltada termina y tiene que avanzar por un tramo de camino de arena espesa, donde las ruedas avanzan con dificultad; imaginemos que la línea donde termina el asfalto y empieza el camino de arena es oblicua, de manera que la rueda derecha entra primero en la parte arenosa, pero la rueda izquierda dispone todavía de un tramo de asfalto; la rueda derecha se frenará mientras que la izquierda seguirá avanzando a velocidad normal, de modo que se adelantará respecto a la rueda derecha, y el vehículo entero se desviará de la dirección recta, y lo hará tanto más cuanto mayor sea la velocidad a la que viajaba por el tramo asfaltado.

Algo parecido ocurriría si a una persona que fuese corriendo por la calle, le sujetásemos el brazo derecho para detenerla; su lado izquierdo seguiría avanzando un poco, y la persona haría un giro hacia la derecha.

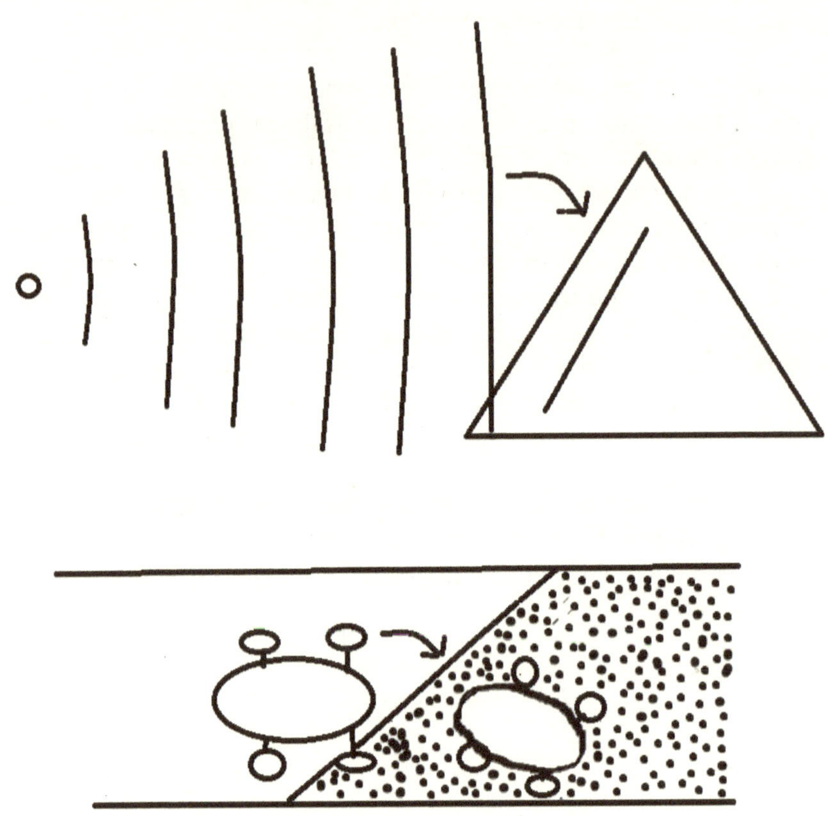

Eso es lo que ocurre cuando la luz entra oblicuamente en un medio en el que viaja más despacio; además, aunque la velocidad de las ondas de luz es la misma para todas las frecuencias, las longitudes de onda más cortas repiten su ciclo oscilatorio con más rapidez que las longitudes de onda más largas, sus frentes de onda están más cercanos entre sí, y cada uno va más rápido que los frentes de onda de las frecuencias más bajas, y por tanto se desvían más; así las diferentes frecuencias se desvían en un ángulo distinto, y como cada frecuencia corresponde a un color, podemos ver el espectro completo de colores. Las frecuencias más altas (longitudes de onda más cortas) corresponden al violeta, en el caso de la luz visible, y las más bajas al rojo.

Este fenómeno ha resultado ser de muchísima utilidad para el estudio del mundo físico, debido a que cada sustancia tiene su espectro característico. La luz visible y las demás radiaciones salen de la materia, de los átomos y moléculas cuando están a la temperatura suficiente, o cuando reflejan o emiten la que reciben de otra fuente, o parte de ella. Las características de la radiación que emiten átomos y moléculas dependen de su constitución y sus diversos estados energéticos internos. De modo que el análisis de tales radiaciones, incluyendo la luz visible, aporta muchísima información sobre la fuente de la que provienen, y ha sido fundamental para físicos, químicos, astrofísicos, biólogos moleculares y otros científicos en su estudio de la estructura interna de la materia.

El fenómeno de la refracción también ha permitido construir instrumentos ópticos como el telescopio y el microscopio, pues dando a las lentes la forma adecuada, se pueden desviar los rayos de luz que emite un objeto, de tal forma que se consiga una imagen aumentada, y esto ha permitido estudiar tanto los astros como el mundo microscópico.

¿Cómo se midió la velocidad de la luz?

El astrónomo Olaf Roëmer pudo hacer un cálculo de la velocidad de la luz en el vacío, cuando se dio cuenta de que los eclipses de los satélites de Júpiter, cuando estos se ocultan tras el planeta al observarlos desde la Tierra, se producían con un retraso determinado al observarlos seis meses después, cuando la Tierra se encontraba más alejada de Júpiter, al estar en el otro extremo de su órbita en torno al Sol; atribuyó ese retraso al hecho de que la luz que llegaba desde Júpiter y sus satélites, tenía que recorrer una distancia mayor, y como tal distancia era conocida pudo hacer el cálculo.

Posteriormente Fizeau ideó varios dispositivos para medir la velocidad de la luz aquí en la Tierra. Uno de ellos consistía básicamente en una rueda dentada giratoria que se interponía en la trayectoria de un rayo de luz reflejado desde varios kilómetros. Si el rayo pasaba entre un diente y el siguiente era visible, pero si topaba con uno de los dientes era interceptado. Midiendo la velocidad que había que dar a la rueda para que el rayo fuese interceptado podía calcular la velocidad de la luz.

¿Cómo se formó el Sistema Solar?

Hoy se piensa que el Sistema Solar se pudo formar a partir de una nube inicial de gas y polvo interestelar que colapsó por acción de la gravedad, y tomó una forma de disco debido a su rotación; la mayor parte de la materia se concentraría en la zona central para dar origen al Sol, y el resto seguiría girando en torno a él; la gravedad, principalmente, a su vez haría que se fuesen uniendo entre sí diminutas partículas, formando agregados de materia cuyo tamaño se iría acrecentando cada vez más; este proceso de acrección sería el origen de los planetas y demás objetos del sistema; esta propuesta concuerda con el hecho de que, actualmente, los planetas del sistema solar, giran en torno al Sol, aproximadamente en el mismo plano orbital, y con pocas excepciones (quizá debidas a impactos de meteoritos u otros objetos), giran en el mismo sentido; además de los planetas Mercurio, Venus, La Tierra, Marte, Júpiter, Saturno, Urano y Neptuno, y sus respectivos satélites, hay muchos otros cuerpos de menor tamaño (Plutón era considerado un planeta más del sistema, pero actualmente no se le incluye como tal); entre Marte y Júpiter está el cinturón de asteroides; además también forman parte del Sistema Solar el cinturón de Kuiper, el "disco disperso" y en la parte más exterior, como si envolviera a todo el sistema , la nube de Oort; desde las zonas exteriores lejanas llegan periódicamente cometas, astros que giran en torno al Sol en órbitas muy excéntricas.

LA MATERIA

Las leyes físicas y químicas más fundamentales son las responsables de los procesos descritos hasta ahora sobre el Universo y la Tierra.

Por los escritos que nos han llegado sabemos que los antiguos griegos propusieron ideas sobre la realidad, y sobre los elementos fundamentales que componían todo lo que observamos.

Parménides de Elea enfatizó la distinción entre lo que es o existe y lo que no es, o no existe, entre el "ser" y el "no ser"; del "no ser" no puede originarse nada, puesto que no existe, por tanto el "ser" (o lo que es, lo que sí existe) no se ha originado de lo que no es; si el ser es la totalidad de lo que existe no hay nada de lo cual pueda haberse originado, de modo que no ha tenido origen. Puede que a alguien esto le parezca difícil de aceptar, pero nos puede ayudar el pensar, por ejemplo en las "verdades matemáticas". Muchos matemáticos consideran que no todo lo que se conoce en matemáticas es obra del intelecto humano; puede que sí sea así en muchos de los métodos desarrollados por los matemáticos; pero muchísimas de las cosas que se aprenden en matemáticas no parecen haber sido inventadas por el hombre, sino más bien descubiertas por él al estudiar el mundo que le rodea; por poner un ejemplo simple, la razón entre la longitud de cualquier circunferencia y su diámetro es siempre el número "π"; eso no es algo que el hombre haya inventado, sino que lo ha descubierto; ya era cierto antes de la aparición del hombre, y parece que no es algo que en algún tiempo no fue cierto y de repente empezó a serlo, y seguirá siendo así aún si desaparecieran todos los lugares donde pueda estar registrado, como libros, grabaciones y hasta cerebros humanos; parece por tanto una verdad intemporal e inmutable; pero el mismo razonamiento se podría aplicar a estructuras matemáticas más complejas, y algunos científicos han llegado a proponer que el Universo no es otra cosa que matemáticas o información; así para Parménides nada cambia, y los cambios en las cosas que percibimos pueden ser solo una apariencia, pero la realidad fundamental es inmutable e intemporal.

En contraste Heráclito pensaba que el cambio era fundamental, que todo está en un proceso de cambio continuo: uno no puede bañarse en el mismo río dos veces, decía; filósofos posteriores elaboraron sobre estas ideas, y en realidad se ha seguido pensando en ello hasta nuestros días, y la cuestión no parece zanjada, no solo para los filósofos, sino también para los científicos.

Demócrito, quizá intentando reconciliar la inmutabilidad y el cambio propuso que solo existían los átomos y el vacío; los átomos eran los constituyentes elementales de todo, y eran eternos e inmutables, pero sus disposiciones en el espacio vacío podían cambiar y dar lugar así a toda la variedad de cosas que percibimos; estas ideas originales resultaron muy útiles y nos llevaron a la actual teoría atómica, aunque tuvo que pasar mucho tiempo para llegar al entendimiento actual del átomo; hasta épocas relativamente recientes la existencia de los átomos no se consideró probada, y aunque la teoría atómica se ha mostrado muy fructífera para explicar muchos fenómenos, ha puesto de manifiesto intrigantes misterios sobre la naturaleza de la realidad, que siguen siendo objeto de intenso estudio e investigación, como veremos más adelante.

Independientemente de si el cambio es algo fundamental, o nuestra experiencia de él se origina de otra realidad subyacente inmutable, nosotros lo percibimos, forma parte de nuestra realidad. Desde la antigüedad la humanidad ha observado que unas cosas se transforman en otras en un proceso continuo de movimiento y cambio. Las plantas absorben minerales, sustancias y agua del suelo y por medio de reacciones químicas y el proceso de fotosíntesis, usando la energía de la luz solar, forman nuevas moléculas y producen frutos; los animales y el hombre comen productos vegetales, así como animales, y metabolizan ese alimento, descomponiéndolo para obtener nutrientes y energía, con los que regeneran sus células y realizan todos sus procesos vitales. Además el hombre mismo comprobó desde la antigüedad que podía realizar cambios en los materiales que había en la Tierra, por diversos procesos, como mezclas, aplicación de calor y otros. Tal vez esto pudo dar origen a la idea de que se podrían obtener materiales preciosos, como el oro, a partir de otras sustancias, y se experimentó durante siglos con muchos materiales y procesos, dando origen a la alquimia, que a veces se dice que fue la precursora de la química actual. Se fueron aprendiendo métodos que llevaban a conseguir nuevos materiales, haciendo aleaciones y mezclas, aplicando calor, y se vio que incluso había materiales que reaccionaban entre sí, produciendo sustancias nuevas, simplemente acercándolos o poniéndolos en contacto. A veces, por estas reacciones y procesos surgían de una sustancia, dos o más diferentes, y esto permitió ir identificando los elementos a partir de los cuales se formaban todos los demás compuestos.

El químico Antoine Laurent de Lavoisier realizó experimentos que también respaldaban la teoría atómica. Llevó a cabo combustiones y reacciones químicas, pesando las sustancias antes de la combustión o reacción, y pesando de nuevo los productos resultantes, habiendo tenido mucho cuidado para que nada, ni siquiera vapores o gases, escapasen de sus recipientes; encontró que el peso era el mismo antes y después de la reacción, estableciendo así la ley de conservación de la masa; la teoría atómica servía muy bien para explicar sus resultados: La combustión o reacción solo había cambiado la disposición y organización de los átomos, produciendo sustancias de aspecto y propiedades distintas, pero el número total de átomos era el mismo, lo que explicaría que el peso total fuese el mismo antes y después.

Dimitri Mendeleiev clasificó los elementos conocidos en su época, por sus pesos y propiedades, empezando por los más ligeros y comprobó que había un patrón (que ya habían observado otros estudiosos). Cada 8 elementos, en las primeras filas de la tabla que confeccionó se repetían elementos con propiedades semejantes. Colocó los elementos de propiedades parecidas en las mismas columnas de la tabla. Tuvo incluso la intuición de dejar huecos en la tabla, sugiriendo que allí habría que colocar elementos aún no descubiertos, y hasta predijo sus propiedades, y efectivamente tales elementos se fueron hallando y confirmaron sus predicciones.

Otros hallazgos también se podían explicar con la teoría atómica, como por ejemplo "La ley de las proporciones definidas", hallada por Proust; las sustancias elementales que formaban compuestos, lo hacían en proporciones específicas, lo que sugería que la molécula del compuesto contenía números determinados de átomos de los elementos componentes.

Los principios matemáticos

La velocidad se determina midiendo el espacio recorrido por unidad de tiempo: Si un coche recorre 180 Km en 2 horas, su velocidad promedio es de 180/2 = 90, 90 Km/h. La velocidad instantánea se obtiene midiendo el espacio recorrido en intervalos de tiempo cada vez más pequeños, hasta llegar al límite. Decimos que la velocidad instantánea es el límite, cuando el intervalo de tiempo tiende a cero, de la razón entre espacio y tiempo:

"velocidad = límite cuando incremento de t tiende a cero de incremento de x/incremento de t" o $v = dx/dt$

(límite cuando incremento de t tiende a cero de la razón entre incremento de x e incremento de t). En matemáticas esto se llama derivada. La velocidad por tanto es la derivada del espacio con respecto al tiempo, o sea la tasa de cambio del espacio recorrido a intervalos infinitesimales de tiempo. Este tipo de cálculo se conoce hoy como cálculo infinitesimal, que comprende cálculo diferencial y cálculo integral. Fue utilizado por Newton (e independientemente por Leibnitz) para analizar el movimiento.

A su vez la aceleración es el cambio de velocidad con el tiempo, o sea: aceleración = límite cuando incremento de t tiende a cero de incremento de v/ incremento de t, o $a = dv/dt$, es decir, la derivada de la velocidad respecto al tiempo, o la segunda derivada del espacio con respecto al tiempo (porque primero derivamos el espacio respecto al tiempo, para obtener la velocidad, y después volvemos a derivar para obtener la aceleración)

Ahora podemos escribir la 2ª ley de Newton (FUERZA = MASA x ACELERACIÓN) en forma diferencial:

$$F = m\, dv/dt$$

Esta expresión diferencial, se puede considerar como la diferencia entre los valores de la velocidad, cuando se mide entre dos intervalos de tiempo muy próximos:

dv/dt = Velocidad final - velocidad inicial/tiempo final - tiempo inicial = V-Vo/T-To

En el cálculo infinitesimal, se considera que es el valor de la tasa de cambio en la velocidad, cuando el intervalo de tiempo se hace lo más pequeño posible, es decir cuando tiende a cero.

Cuando medimos la velocidad inicial y la velocidad final en dos puntos sumamente próximos, obtenemos la aceleración (o sea cambio de velocidad instantánea).

Al producto de la masa por la velocidad se le llama momento lineal, denotado habitualmente por p:

$$p = m v$$

de modo que podemos decir que la fuerza es la derivada del momento con respecto al tiempo:

$$F = dp/dt$$

(Se considera que la masa es una constante, de manera que en la variación del momento lo que varía es la velocidad).

Como puede verse, las magnitudes de velocidad, aceleración y fuerza se obtienen a partir de tres magnitudes fundamentales: el espacio, el tiempo y la masa (L, T, M), longitud, tiempo y masa.

Así: velocidad = L/T = L (T elevado a -1)

aceleración = (L/T)/T = L/ T elevado a 2 = L (T elevado a -2)

Fuerza = M (L/ T elevado a 2) = M L (T elevado a -2)

Estas expresiones indican lo que se conoce como el contenido dimensional de cada magnitud. Nos dicen en qué medida y relación contienen las magnitudes derivadas a las magnitudes fundamentales de longitud, tiempo y masa (L, T, M). A su vez, a partir de ellas se pueden construir otras magnitudes, como por ejemplo la energía, la acción y el momento angular.

Si aplicamos una fuerza a un objeto para moverlo realizamos un trabajo. El trabajo será tanto mayor cuanto mayor sea el espacio recorrido. Por tanto:

TRABAJO = FUERZA x ESPACIO

$$W = F \cdot e$$

Le energía es la capacidad para producir trabajo, de modo que se define igual:

ENERGÍA = FUERZA x ESPACIO

$$E = F \cdot e$$

A su vez la acción se define como la energía multiplicada por el tiempo durante el que actúa:

ACCIÓN = ENERGÍA x TIEMPO

Para los cuerpos que giran en torno a un centro conviene introducir otra magnitud llamada "momento angular". Es el producto del momento lineal por el radio de giro:

MOMENTO ANGULAR = MOMENTO LINEAL x RADIO

$$L = m \cdot v \cdot r = p \cdot r$$

Introducimos estas tres nuevas magnitudes, porque los sistemas físicos cumplen tres leyes de conservación, que son fundamentales para entender el mundo:

Ley de conservación del momento lineal

Ley de conservación del momento angular

Ley de conservación de la energía

Imaginemos un conjunto de esferas de diferentes masas que se están moviendo en línea recta a diferentes velocidades, cerca unas de otras, pero en direcciones y sentidos distintos. Cada una lleva su propio momento lineal o cantidad de movimiento, que es el producto de su masa por su velocidad. Sumamos todos esos productos y obtenemos un número al que podríamos llamar momento lineal total del sistema. De acuerdo con la segunda ley de Newton, si al sistema no se le comunica ninguna fuerza adicional del exterior, no cambiará su momento lineal. Las esferas chocarán unas con otras y la velocidad de cada una individualmente puede variar. Las que tengan mucha cantidad de movimiento (mucha masa y mucha velocidad) pueden ceder parte de su cantidad de movimiento a las que tengan menos, ya que al chocar con ellas harán que su velocidad aumente, pero a cambio de ser frenadas un poco ellas mismas. Hay un intercambio o transmisión de cantidad de movimiento entre unas y otras, pero lo que unas pierden otras lo ganan, de modo que hay una compensación, de suerte que si volvemos a sumar la cantidad de movimiento de todas ellas, aunque los sumandos individuales varíen , la suma total será la misma que al principio. Esta es la ley de conservación del momento lineal.

Existe también una ley de conservación del momento angular, al que definíamos como el producto del momento lineal por la distancia al eje de giro o radio. Esta ley se cumple en los movimientos de rotación. En las rotaciones el efecto conseguido por una fuerza, no depende solo de la magnitud de la fuerza, sino también de su distancia (el punto donde la apliquemos) al eje de giro. Esto se observa en un ejemplo muy familiar, Si queremos hacer girar una puerta aplicamos sobre ella una fuerza a cierta distancia de las bisagras. Pero si acortamos la distancia al eje de giro, aplicando la fuerza sobre un punto más cercano a las bisagras, notaremos que tenemos que hacer más fuerza para conseguir la misma cantidad de giro. Conviene por tanto introducir, al estudiar el movimiento angular o de rotación, una magnitud a la que llamamos torque, que se define como el producto de la fuerza por el radio de giro:

TORQUE = FUERZA x RADIO DE GIRO

$$T = F \, . \, r$$

Si aumenta el radio de giro, el torque será mayor y la aplicación de la fuerza será más efectiva. Así como el momento lineal varía si se aplica una fuerza, el momento angular varía si se aplica un torque. En ausencia de torque el momento angular no varía. Esta es la ley de conservación del momento angular. Explica muchas cosas. Por ejemplo, supongamos que alguien está girando con los brazos extendidos, sosteniendo un peso en cada mano. Si recoge los brazos hacia sí mismo su velocidad de giro aumentará; ¿por qué?; la fórmula del momento angular es:

$$L = m \, . \, v. \, r$$

No se ha aplicado ningún torque; el momento angular L por tanto no varía; de modo que si disminuimos el radio de giro r, la velocidad v tiene que aumentar para que el momento angular se conserve. El aumento de velocidad compensa la reducción del radio. Por eso una patinadora que está girando con los brazos extendidos, gira más deprisa con solo recoger los brazos. La conservación del momento angular explica que la Tierra tarde siempre el mismo tiempo en dar una vuelta alrededor de su eje, y así el día tenga siempre la misma duración; y lo mismo se puede decir de la duración del año, por citar un ejemplo más.

Ahora consideremos la tercera ley de conservación. Un cuerpo puede tener energía, o sea capacidad para realizar trabajo, si se está moviendo, porque puede golpear a otro y hacer que se mueva también, o si, aunque esté en reposo está colocado a cierta altura en un campo gravitatorio como el de la Tierra, porque si lo soltamos adquirirá una aceleración debida a la gravedad, que también puede usarse para realizar trabajo (como cuando se deja caer agua para hacer girar turbinas que generan electricidad). A la energía debida al movimiento se le llama energía cinética (del griego "Kineema": movimiento), y a la energía debida a la posición en el campo de gravedad se le llama energía potencial, porque es una energía en potencia, o sea latente, que puede reservarse, sin ser usada hasta que decidamos dejarlo caer. Calculemos la energía cinética en función de la velocidad.

Si un móvil parte del reposo su velocidad inicial es cero: Vo = 0, y llegará con una velocidad final V. La media entre la velocidad inicial y la final será por tanto :

$$\text{velocidad media} =(0 + V)/2 = ½ V \quad (1)$$

El espacio recorrido será esa velocidad por el tiempo:

$$e = ½ V . T \quad (2)$$

La energía, según dijimos, es la fuerza por el espacio, de modo que la energía cinética será:

Fuerza x espacio = masa x aceleración x espacio

$$F . e = m . a . e \quad (3)$$

Como aceleración = velocidad/tiempo o a = v/t, podemos poner:

$$F . e = m . v/t . e \quad (4)$$

Sustituyendo ahora la expresión del espacio por la fórmula (2) obtenemos:

$$F . e = m . v/t . ½ vt$$

y recolocando los términos y simplificando:

$$F \cdot e = \tfrac{1}{2} m v \cdot v \cdot t/t = \tfrac{1}{2} m v^2$$

De modo que la fórmula para la energía cinética en función de la velocidad es:

$$E = \tfrac{1}{2} m v^2$$

El uso de letras como abreviaturas, y signos de sumar, multiplicar y dividir, también nos permite ir más rápido, pero expresan las mismas ideas que cuando lo definimos con palabras.

Veamos ahora la relación entre estas dos formas de energía, cinética y potencial; consideremos el ejemplo de un columpio, como se representa esquemáticamente en el gráfico:

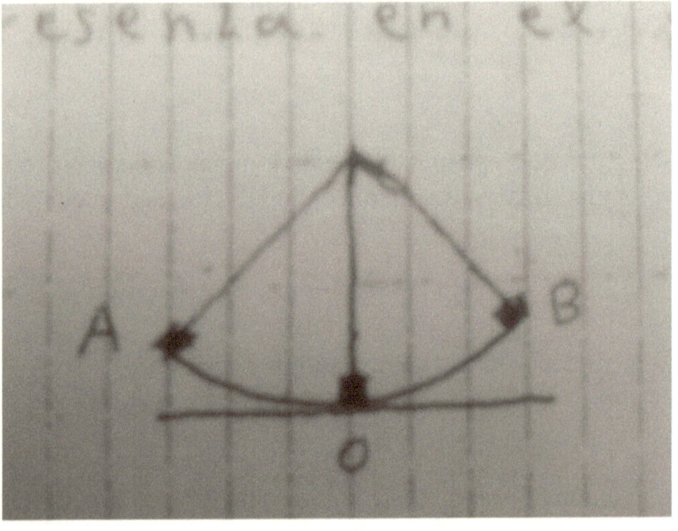

Primero tenemos que emplear nuestra energía muscular (que en definitiva se deriva de procesos químicos en nuestro cuerpo) para levantar el columpio hasta el punto A. La velocidad del columpio en ese punto es cero, de modo que no tiene energía cinética, pero ha adquirido una energía potencial por la altura a que ha sido elevado, Entonces lo soltamos y comienza a caer por acción de la gravedad. A medida que va ganando velocidad al caer, su energía cinética va aumentando, mientras que su energía potencial va disminuyendo conforme se reduce su altura. Al llegar al punto O, la energía potencial se ha reducido a cero y la energía cinética es máxima. El columpio empieza a ascender por el otro lado en dirección al punto B, y al hacerlo va perdiendo energía cinética pero de nuevo va ganando altura y energía potencial. Es como si la energía no desapareciese nunca, solo fuera cambiando de forma. Por eso en todo momento la suma de la energía potencial y la energía cinética permanece constante:

ENERGÍA POTENCIAL + ENERGÍA CINÉTICA = CONSTANTE

Sin embargo finalmente el columpio se para. ¿A dónde se ha ido la energía?. El columpio se detiene porque se va frenando por la fricción y rozamiento del enganche con el eje de giro y con el aire, pero si tocamos el enganche y el eje de giro notaremos que se han calentado con el rozamiento, y ese calor finalmente se transmite a las moléculas del aire y se disipa en ellas.

Empezamos empleando energía muscular de origen químico, la convertimos en energía potencial gravitatoria, que se fue transformando en energía cinética y viceversa, y finalmente terminamos con energía calorífica (o térmica). Este es un ejemplo del funcionamiento de una de las leyes más importantes de la física, la ley de conservación de la energía, que dice así: la energía ni se crea ni se destruye, solo se transforma.

Mecánica estadística. La teoría cinética de los gases

En el ejemplo del columpio hemos visto que si no seguimos empujando el columpio se detiene; sin embargo ya explicamos que esto no viola la ley de conservación de la energía; más bien la fricción termina frenando el columpio y las piezas que friccionan se calientan. Le energía cinética se convierte en energía calorífica o térmica. El movimiento genera calor; el calor a su vez puede hacer que la materia sólida pase al estado líquido, y con más calor al estado gaseoso. El ejemplo más familiar quizá sea el agua: calentemos un cubito de hielo y tendremos agua líquida; sigamos calentando y el agua se evaporará.

Esto se puede explicar suponiendo que la materia está formada por pequeñas partículas (moléculas o átomos). En el estado sólido las partículas se atraen fuertemente y se mueven poco respecto de sus posiciones de equilibrio; si los átomos ganan energía cinética se atraen con menos fuerza colisionando entre sí y pasando al estado líquido; si su energía cinética aumenta se terminan separando y pasan al estado gaseoso. Esto explicaría también el aumento de volumen cuando aumenta la temperatura, debido a que aumenta la separación media entre los átomos. Los átomos tenían que ser muy pequeños. pues ni siquiera se observaban al microscopio. De modo que un volumen pequeño de materia contendría gran cantidad de ellos. Si los cambios de estado de la materia se debían a una variación en el estado de movimiento de los átomos, debido a variaciones de temperatura, la energía cinética media de los átomos en una cantidad de materia, sería proporcional a su temperatura. Varios científicos aplicaron las leyes del movimiento de Newton a los átomos, pero debido a que en sus cálculos tenían que considerar números tan grandes de partículas, tuvieron que aplicar métodos estadísticos, y así desarrollaron la mecánica estadística. Resultó muy útil puesto que permitió conocer los detalles del mundo submicroscópico a partir de mediciones que se podían realizar a nivel macroscópico. Por ejemplo, como la presión de un gas en las paredes del recipiente que lo contiene, se considera debida a la energía cinética de las partículas del gas al chocar incesantemente con las paredes, al medir la presión se podía conocer el promedio de velocidad de las partículas y su energía cinética a diferentes temperaturas.

La Hipótesis de Avogadro

El aumento de la temperatura produce un aumento de presión, porque la energía cinética de las partículas es mayor. Al aumentar la temperatura aumenta también el volumen del gas. Se puede medir el aumento de volumen por cada grado de temperatura. Al hacerlo se comprobó que todos los gases, sin importar su composición, aumentan de volumen en la misma proporción. El aumento de volumen por cada grado de temperatura se denomina "coeficiente de dilatación cúbica", y su valor para todos los gases es, expresado en forma de quebrado: 1/273.

El hecho de que todos los gases se dilaten en la misma medida, parecía indicar que en un volumen dado de cualquier gas, hay el mismo número de partículas. Esta fue la hipótesis de Avogadro. Las partículas de todos los gases, aunque sean diferentes, deben ser muy pequeñas en comparación con su distancia promedio de separación, de modo que lo que determina el aumento de volumen con la temperatura es la mayor separación entre partículas al aumentar su agitación térmica. La diferencia de tamaño entre partículas de diferentes gases debe ser muy pequeña en comparación con la separación entre partículas. Por lo tanto esa pequeña diferencia se puede despreciar y considerar a todas las partículas aproximadamente iguales, por lo que cabe suponer que volúmenes iguales de dos gases distintos contienen el mismo número de partículas (A igual presión y temperatura).

Los pesos atómicos relativos. Definición de mol

Si pesamos un volumen de un gas y después pesamos el mismo volumen de otro gas diferente, y comprobamos que uno pesa el doble que el otro, como según la hipótesis de Avogadro, contienen el mismo número de partículas, llegamos a la conclusión de que los átomos de uno deben pesar el doble que los átomos del otro. Podemos obtener así los pesos atómicos relativos de los diferentes elementos; otras leyes, como la de "las proporciones definidas" en la reacciones químicas, también podían contribuir a la determinación de tales pesos relativos. Se define "mol" como el equivalente en gramos al peso atómico. Supongamos que una sustancia tuviese un peso atómico de 1 y otra de 2. Un mol de la primera sería 1 gramo y un mol de la segunda serían 2 gramos (porque hemos definido "mol" como el equivalente en gramos al peso atómico). Como sabemos que el átomo de la segunda pesa 2 veces más que el átomo de la primera, llegamos a la conclusión de que en 1 gramo de la primera hay el mismo número de átomos que en 2 gramos de la otra (hay el mismo número de átomos pero cada uno pesa el doble). Extendiendo estas ideas a todas las sustancias, podemos decir que en 1 mol de cualquier sustancia hay el mismo número de partículas. A ese número se le llama "número de Avogadro". Si se pudiese determinar dicho número (el total de micropartículas en una cantidad conocida de materia), se podrían calcular inmediatamente el tamaño y el peso de sus átomos constituyentes. La medición del número de Avogadro se convirtió pues en una meta importante para la física y la química. Aunque no todo el mundo científico la aceptara, la teoría atómica se convirtió en un modelo que se usó para seguir investigando y para tratar de explicar las propiedades de la materia a partir de dicho modelo.

Las leyes de la Termodinámica

El coeficiente de dilatación cúbica de los gases, también permite calcular la disminución del volumen por cada grado de disminución de la temperatura. Como el coeficiente es 1/273, el cálculo indica que al llegar a - 273° Celsius el volumen del gas se reduciría a cero; por lo tanto nada puede llegar a esa temperatura, por lo que se la llama el cero absoluto (- 273° Celsius). Ese sería el caso de un gas ideal. En la práctica los gases se licuan antes de acercarse a esa temperatura, y cambian sus propiedades. No obstante el concepto de gas ideal es útil, porque los gases se comportan como ideales en un amplio rango de temperaturas. La escala absoluta de temperatura también se llama Kelvin. A la escala Celsius también se la llama centígrada. Marca cero grados en el punto de congelación del agua y cien grados en el punto de ebullición.

El calor siempre fluye de los cuerpos calientes a los fríos. En términos de teoría cinética, esto puede entenderse así: las partículas del cuerpo caliente (con mayor energía cinética), chocan con las del frío, y les van cediendo parte de su energía, hasta que se llega a un equilibrio termodinámico en el que las partículas de los dos cuerpos tienen la misma energía y por tanto la misma temperatura.

Si en una habitación dejamos un frasco de perfume abierto, las moléculas del aire, en sus movimientos caóticos, chocarán con las moléculas del perfume y las irán arrancando hasta que todo el perfume se halle mezclado con el aire. Se habrá pasado de un estado ordenado (todo el perfume en un solo lugar, en el frasco, separado del aire), a otro más desordenado (unas moléculas mezcladas aleatoriamente con otras). Boltzmann lo explicaba como una consecuencia del cálculo de probabilidades. Como existen muchísimas más combinaciones en las que las moléculas pueden situarse en arreglos no ordenados, los arreglos aleatorios desordenados son, con mucho, los más probables.

Esta tendencia de los sistemas físicos hacia el aumento del desorden, o aumento de la entropía (de la palabra griega para "revolver" o "revuelto"), se conoce como la 2ª Ley de la Termodinámica; (la 1ª Ley es la de la conservación de la energía).

Otras fuerzas

Cuando se planteó la hipótesis de Avogadro no se conocían ni el peso absoluto ni el tamaño de los átomos y moléculas, pero sí se podían establecer las relaciones entre grandes cantidades de átomos y deducir así relaciones entre las partículas submicroscópicas.

Para determinar experimentalmente el valor del número de Avogadro se reflexionó en qué procesos que se manifestaran a escala macroscópica podían depender del número de micropartículas contenidas en una determinada cantidad de materia. Se encontraron con el tiempo bastantes métodos para medir el número de Avogadro, pues es lógico que los procesos que percibimos a escala macroscópica dependan de lo que ocurre en el nivel atómico. Por ejemplo, el color azul del cielo se debe a la dispersión de la luz solar de determinada frecuencia por las partículas del aire: la intensidad del color dependerá del número de partículas que actúen como centro de dispersión. Thompson (Lord Kelvin) comparó los datos sobre el brillo del Sol en el cenit y estando este a 40º sobre el horizonte. El movimiento caótico de pequeñas partículas suspendidas en un líquido (movimiento browniano, observado al microscopio por el botánico R. Brown en 1827) fue interpretado como consecuencia del choque de partículas aún más pequeñas (los átomos invisibles).

Einstein dio con una fórmula para calcular el número de Avogadro a partir del resultado de los choques tal como se observaban al microscopio. Perrin usó este método y otros para determinar el número de Avogadro. En tiempos más recientes se ha medido estudiando la dispersión de rayos X al atravesar sólidos cristalinos. Los diferentes métodos (los mencionados aquí y algunos más) coinciden aproximadamente en el mismo valor (6, 02252 +/- 0, 00028) x 10 elevado a 26 moléculas por kilomol), Se ha sabido así que hay muchas micropartículas (átomos o moléculas) en una pequeña cantidad de materia. Al poder calcular el tamaño de los átomos se supo que eran tan pequeños que estaban muy por debajo de la capacidad de los microscopios. Para saber más sobre ellos habría que usar métodos indirectos, como estudiar las fuerzas que emanaban de ellos.

La gravedad era una fuerza invisible. No era la única que se conocía. Frotando una varilla de ámbar este atraía pequeños objetos. Se llamó a esta fuerza de atracción invisible "electricidad" (de la palabra griega para "ámbar": elektron). Además se sabía de una piedra originalmente hallada en Magnesia, que atraía pequeños trozos de metal. A esta fuerza invisible se la denominó por tanto magnetismo. ¿Qué propiedad de la materia podía ser responsable de las fuerzas eléctricas y magnéticas?. Se produjeron diferentes artilugios que producían electricidad por fricción. Cuando se tocaba un objeto cargado de electricidad, a veces saltaba una pequeña chispa y se oía una pequeña crepitación, quedando descargado el objeto. Esto sugirió a Franklin que tal vez los relámpagos de las tormentas pudieran ser también fenómenos eléctricos a mayor escala. Luigi Galvani en Italia comprobó que la electricidad de las tormentas inducía convulsiones musculares en ranas diseccionadas que estaban colgadas por ganchos de latón en una celosía de hierro. Las convulsiones seguían aún después de la tormenta, lo que hizo pensar a Alejandro Volta que la electricidad permanecía en los metales. Experimentó con diferentes metales hasta que construyó una pila de placas de cinc y cobre y discos de cartón humedecidos en una solución salina. La electricidad fluía de un extremo a otro de la pila. Se dispuso así de una fuente de corriente eléctrica que se originaba a partir de procesos químicos.

Se descubrió que estas dos fuerzas obedecían una ley matemática muy semejante a la ley de Gravitación de Newton, la llamada ley de Coulomb:

$$F = \pm k\,(q\,.\,q'/r^2)$$

Simplemente hay que sustituir m (masa) en el numerador por q (carga). Además la constante k es diferente de la constante de gravitación G, porque la intensidad de las fuerzas es distinta. El magnetismo obedece a la misma fórmula, con otra constante distinta y colocando en el numerador las masas magnéticas. Los signos que aparecen en la fórmula de la fuerza eléctrica pueden ser positivo o negativo, ya que estas fuerzas pueden ser atractivas o repulsivas, a diferencia de la gravedad que siempre es atractiva.

¿Por qué obedecen las tres fuerzas a una ley inversa del cuadrado de la distancia?. Una vez más, como ocurre con el brillo de un objeto luminoso, o con la gravedad, podemos entenderlo si pensamos que la fuerza emana de un punto hacia todas las direcciones de forma radial. La fuerza se distribuye por tanto sobre la superficie de una esfera imaginaria que rodea al punto. A mayor distancia de la fuente, la fuerza tiene que repartirse sobre la superficie de una esfera mayor. Como el área de una superficie esférica es proporcional al cuadrado del radio ($4 \pi r^2$), a medida que nos alejamos la fuerza se debilita en la misma proporción. Michael Faraday, al estudiar estas fuerzas invisibles, explicaba que era como si de los cuerpos cargados emanasen lo que llamó “líneas de fuerza”, creando en torno suyo un “campo” eléctrico o magnético. Faraday incluso llegó a concebir las partículas como lugares donde las fuerzas convergen en un punto. La materia se podría considerar pues como puntos de concentración de fuerza. Todo se podría explicar en términos de campos de fuerzas. Oersted descubrió que una corriente eléctrica hace que una aguja magnetizada se mueva y reoriente. La corriente se comporta como un imán. La electricidad en movimiento (corriente) genera magnetismo. A la inversa Faraday comprobó que el magnetismo también puede generar electricidad; una bobina de cobre girando entre los polos de un imán produce corriente eléctrica.

Por otra parte, cuando se comprobó que la luz se propagaba en forma de ondas se supuso que existía una sustancia llamada “éter”, que llenaba el espacio, y en el que se propagaban las ondas luminosas, como las olas del mar en el agua.

La unificación de Maxwell

Maxwell expresó los descubrimientos sobre la electricidad y el magnetismo que hemos considerado en forma de ecuaciones matemáticas. Las fórmulas describían por lo tanto la relación entre electricidad y magnetismo. Explicado a grandes rasgos, si en un miembro de una ecuación aparece variación de electricidad, en el otro miembro aparece magnetismo y viceversa. Electricidad y magnetismo aparecen así relacionadas y unificadas en una sola entidad matemática. Las ecuaciones muestran en qué medida una corriente eléctrica genera magnetismo y viceversa. Por lo tanto ya no hay que hablar de electricidad y magnetismo por separado, sino de electromagnetismo. Como una consecuencia lógica de la íntima relación entre electricidad y magnetismo, las ecuaciones predecían la propagación de un nuevo tipo de ondas: un campo eléctrico variable genera en torno suyo un campo magnético, que a su vez genera otro campo eléctrico, y así sucesivamente, de manera que se propaga por el espacio una onda electromagnética. Incluso se podía calcular la velocidad de las ondas. La velocidad de las ondas a través de un medio determinado, depende de ciertas constantes características del medio, como la rigidez y la densidad. Análogamente la velocidad de las ondas electromagnéticas depende de ciertas constantes relacionadas con las diferentes intensidades de las fuerzas eléctrica y magnética. Cuando se hicieron los cálculos la velocidad resultó ser igual a la velocidad de la luz (300.000 km/seg.), que ya se había medido anteriormente. La conclusión era lógica: las ondas de luz eran ondas electromagnéticas. Apareció así otra gran unificación en física: electricidad, magnetismo y luz eran manifestaciones de un mismo fenómeno.

El origen de la teoría de la relatividad

La física de Newton sirvió para explicar casi todos los fenómenos conocidos durante siglos. No se puede negar que fue una enorme conquista intelectual. De hecho, solo ha habido que hacer dos modificaciones en el siglo XX (la teoría de la relatividad y la teoría cuántica). Aunque, como veremos, esas teorías suponen un avance impresionante en nuestro entendimiento, en realidad no echan por tierra los éxitos obtenidos por la física de Newton, sino que, por decirlo de alguna manera, los absorben. En la teoría de la relatividad y en la teoría cuántica, las fórmulas de Newton vuelven a aparecer como un caso límite. Concretamente, la relatividad ajusta las fórmulas newtonianas para tener en cuenta los efectos de la velocidad de la luz, y la teoría cuántica las ajusta para tener en cuenta que la energía no puede tomar cualquier valor, lo que se pone de manifiesto en los intercambios de energía de los procesos atómicos. En el caso límite en que se pueden ignorar los efectos de la velocidad de la luz y la cuantización de la energía, se anulan los términos matemáticos correspondientes y lo que queda son las fórmulas de Newton.

Como hemos visto, en la teoría electromagnética de Maxwell, la velocidad de la luz aparece como una constante, pues se obtiene de otras constantes relacionadas con las fuerzas eléctricas y magnéticas. Para que las leyes del electromagnetismo sean válidas, sin tener que modificarlas de forma complicada, cualquier observador debe obtener el mismo valor para la velocidad de la luz, sin importar cuál sea el estado de movimiento del observador que haga la medida. Los físicos se dieron cuenta de que esto estaba en contradicción con las leyes del movimiento de Newton. Supongamos que vamos en un tren que avanza a velocidad uniforme. Lanzamos una pelota dentro del tren y medimos su velocidad con relación al tren (o sea, como si el tren estuviera en reposo). Si un observador en tierra midiera la velocidad de la pelota no obtendría el mismo valor que nosotros. La velocidad que obtendría sería la suma de la velocidad de la pelota con relación al tren más la velocidad del tren con relación a la Tierra. Si las ondas de luz se propagan en el supuesto "éter", su velocidad parecería mayor a un observador que fuese hacia la luz que a otro que se aleja de ella. Un experimento preciso realizado por Michelson y Morley mostró que la velocidad de la luz tenía el mismo valor en cualquier dirección que se midiese. Si hubiesen detectado diferencias se habría confirmado que la Tierra se movía a través del éter, y este podría servir como un sistema de referencia respecto al cual medir los demás movimientos, pero si no se pudo detectar tal "movimiento a través del éter", como Einstein expresaría después, suponer su existencia resultaba superfluo. En el Universo no se conoce nada que esté en reposo, por lo que solo podemos medir la velocidad de unos objetos con relación a otros, o sea, velocidades relativas. ¿Cómo puede entonces haber una velocidad absoluta, que sea la misma, se mida desde donde se mida?. Parece una contradicción. Sin embargo Einstein mostró como se podían reconciliar ambas teorías, mecánica y electromagnetismo, sin renunciar a los éxitos obtenidos por cada una. Pero para ello había que renunciar al concepto de "tiempo absoluto" que se daba por sentado hasta entonces.

La relatividad de la simultaneidad

Volvamos al ejemplo del tren. Se hace de noche. Al lado de la vía hay dos farolas apagadas, separadas por una distancia considerable y en la mitad del camino entre ellas hay un observador en tierra. En determinado momento, cuando el tren está recorriendo parte de la distancia entre las farolas, estas se encienden. Las dos señales luminosas, viajando a la velocidad de la luz, llegan al observador en tierra al mismo tiempo; él, por lo tanto concluye que las dos se han encendido simultáneamente. Sin embargo ¿qué percibirá un observador en el tren?. El tren avanza hacia el primer foco y se aleja del segundo, por lo que la luz de uno le llegará antes que la del otro. La conclusión es evidente: dos sucesos que son simultáneos para el observador en tierra no serán simultáneos para el observador en el tren, Este simple ejemplo muestra que la percepción de una secuencia de sucesos (y por lo tanto la percepción del paso del tiempo), puede variar de un observador a otro, según su estado de movimiento. Sería un error pensar que la medida del observador en tierra es la "real", mientras que la otra es "aparente". Podemos entenderlo si ahora trasladamos el ejemplo del tren al Universo y pensamos en dos sistemas de referencia que se mueven uno con respecto al otro, cada uno con su observador haciendo mediciones. La relatividad de la simultaneidad se cumplirá igual. Cada observador tiene el mismo derecho a pensar que está en reposo y el otro se mueve respecto a él. Por lo tanto las mediciones o percepciones de uno se pueden considerar tan reales como las del otro, pero como hemos visto, el transcurso de los acontecimientos, el transcurso del tiempo, es diferente en cada sistema de referencia. Para cada observador lo que él mide y percibe es lo "real" y ninguno tiene derecho a decir que sus mediciones o percepciones son más reales que las del otro, porque en el Universo no existe ningún sistema privilegiado, puesto que todos los sistemas de referencia se mueven unos respecto a otros. No se conoce ningún sistema en reposo absoluto respecto al cual se puedan medir los demás movimientos. Por lo tanto, los observadores en cualquier sistema de referencia tienen el mismo derecho que los demás a considerar sus mediciones o percepciones reales.

¿Qué instrumentos , objetos o sistemas físicos podemos usar como relojes?: cualquier sistema que tenga un movimiento periódico; por ejemplo, la Tierra gira en una órbita alrededor del Sol y cuando completa un giro vuelve a hacer otro, y cada giro tiene la misma duración; usamos ese sistema para medir los años; cada giro corresponde a un año; un péndulo que oscila de un lado a otro de manera regular , empleando el mismo tiempo en cada oscilación, también se usa como reloj: se pueden contar o registrar el número de oscilaciones que ha realizado entre dos sucesos, y eso nos da el tiempo transcurrido entre dichos sucesos; ahora se usan las rápidas y regulares oscilaciones de los átomos para hacer relojes muy precisos, que pueden medir intervalos de tiempo muy cortos.

Pensemos por tanto en usar como reloj un oscilador muy sencillo; imaginemos simplemente dos placas paralelas, separadas una pequeña distancia, una arriba y otra abajo, y una bolita que rebota de una a otra continuamente y de manera regular.

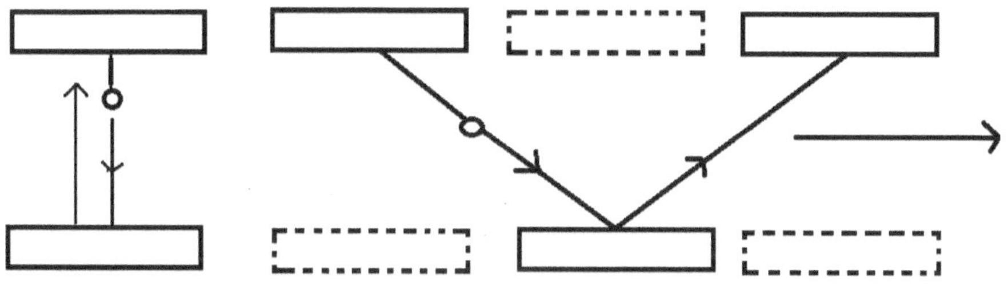

Un amigo nuestro está dentro de un vehículo con un reloj así, y a cierta distancia otro amigo está observándole, y con unos prismáticos puede ver perfectamente el reloj; por cierto, él también tiene a su lado un reloj igual; los dos amigos están en reposo, y el que está a cierta distancia fuera del vehículo comprueba que los dos relojes están marchando al mismo ritmo; la bolita de uno y la del otro se mantienen totalmente sincronizadas, oscilando o latiendo al unísono; el tiempo transcurre igual para los dos; pero ahora el amigo que está dentro del vehículo lo pone en marcha y empieza a moverse hacia adelante; él sigue observando el reloj que lleva en el vehículo y lo sigue viendo igual que antes de moverse, porque el reloj se mueve junto con él; pero su amigo, que permanece quieto fuera del vehículo, observa con los prismáticos algo diferente cuando mira el reloj del interior; como las dos placas están avanzando con relación a él, la bolita tiene que hacer ahora un recorrido más largo para completar cada oscilación, puesto que después de rebotar en la placa de arriba, mientras se dirige hacia la de abajo, esta se ha desplazado cierta distancia antes de que la bola la alcance; por tanto, desde el punto de vista del observador fuera del vehículo, las oscilaciones del reloj del vehículo se completan en un intervalo de tiempo más largo que las que mide con su reloj; pero ese efecto no está ocurriendo solo en el reloj; como dijimos antes, los átomos, que componen tanto al vehículo como todo lo que hay en él, incluido el cuerpo del conductor, son también osciladores regulares, de modo que todos los procesos, incluidos los biológicos, están transcurriendo a un ritmo distinto, pero el observador de adentro no percibe ningún cambio porque todo se ralentiza a la vez y en la misma proporción; es el de afuera el que percibe la ralentización con relación a él. Sí con unos "prismáticos idealmente potentes", pudiese "ver" las "oscilaciones" de los átomos y moléculas del cuerpo de su amigo, percibiría que su ritmo también se ha ralentizado, como en el caso del reloj: desde su punto de vista su amigo está "envejeciendo" más lentamente que él; de modo que no hay un tiempo absoluto; cada uno tiene su "tiempo propio".

No solo la medición del tiempo, sino también la medición del espacio se basa en el concepto de simultaneidad. Volviendo al ejemplo del tren, supongamos que el observador en tierra ve que cuando los focos se encienden, uno coincide con el extremo delantero del tren y el otro con el extremo trasero. Llega a la conclusión de que la longitud del tren es igual a la longitud entre las dos farolas. La distancia entre los focos ha sido su vara de medir. ¿Qué verá en este caso el observador en el tren?. Verá iluminada la cabecera del tren y, *transcurrido un tiempo*, verá iluminada la parte trasera (puesto que se está alejando de la farola que ha iluminado esa parte del tren, y su luz, y la imagen que transporta, tardará más en llegar), y llegará a la conclusión de que la distancia entre los focos es menor que la longitud del tren. Por lo tanto tampoco coincidirán al medir longitudes. En realidad siempre que medimos longitudes, colocamos una vara de medir y damos por sentado que la imagen de los dos extremos de la vara llega a cualquier observador simultáneamente. Pero como hemos visto la simultaneidad es relativa.

Naturalmente la relatividad de la simultaneidad y sus efectos sobre la percepción de longitudes y tiempos, pueden despreciarse cuando las velocidades de los sistemas de referencia son pequeños en comparación con la velocidad de la luz. En el ejemplo hipotético del tren, para percibir los efectos, el tren tendría que tener una velocidad enorme. En experimentos reales a altas velocidades, cuando se aceleran partículas subatómicas, se ha comprobado la validez de las leyes relativistas.

El espacio de Minkowski

Podemos notar que estos efectos relativistas (retraso de los sucesos o dilatación del tiempo, y contracción de las longitudes) se deben al mismo fenómeno: la relatividad de la simultaneidad; por lo tanto están íntimamente relacionados. Concretamente, en la misma medida en que el tiempo se dilata o extiende, la longitud se contrae. Pero eso es precisamente lo que ocurre en el espacio tridimensional, cuando miramos un objeto desde dos perspectivas distintas. Dos observadores pueden ver el mismo objeto y si embargo ver diferentes imágenes. (Por ejemplo, al cambiar la perspectiva la longitud se acorta y la anchura se dilata). Análogamente en relatividad la longitud se acorta y el tiempo se dilata. En la física de Newton el tiempo era el mismo para todos los observadores, absoluto e inmutable. La relatividad nos da más perspicacia sobre los conceptos de espacio y tiempo; nos hace pensar en cómo forjamos en nuestra mente esos conceptos de espacio y tiempo, basándonos en nuestras percepciones; pero nuestras percepciones dependen de nuestro estado de movimiento. En la física relativista el tiempo se comporta como las otras dimensiones espaciales: puede parecer más o menos "estirada" según desde donde se la mire. Antes de la relatividad espacio y tiempo se podían considerar separados. En la relatividad en cambio están íntimamente unidos. Sí la coordenada temporal se dilata, la coordenada espacial se contrae. Podemos expresarlo diciendo que diferentes observadores tienen diferentes "perspectivas" en el espacio-tiempo. No cabe hablar de espacio y tiempo por separado. A esta unión de espacio y tiempo se la conoce como espacio de Minkowski. Un cambio de sistema de referencia equivale, por lo tanto, a un "giro" en el espacio-tiempo, desde el punto de vista matemático, o un "giro" en el espacio de Minkowski. En el espacio tridimensional un punto material queda localizado, con respecto a un sistema de coordenadas de referencia, por medio de tres números: longitud, latitud y altura. En el espacio-tiempo hay que especificar también el tiempo, que puede ser diferente en diferentes sistemas de coordenadas. Un "punto" en el espacio tridimensional equivale a un "suceso" en el espaciotiempo cuatridimensional. Una observación o medición es un “suceso”. Según la relatividad es más correcto decir que el “mundo” que percibimos se compone de sucesos, acontecimientos, no de “puntos materiales”.

Electromagnetismo y mecánica

La teoría de la relatividad está de acuerdo con la teoría electromagnética de Maxwell. La velocidad de la luz es la misma en todos los sistemas de referencia precisamente porque longitudes y tiempos se ajustan para dar ese resultado. Pero la relatividad también está de acuerdo con la mecánica de Newton en el caso límite de bajas velocidades. Esto se debe a que las fórmulas relativistas son precisamente las fórmulas de Newton, pero con un término añadido que mide la contracción de longitudes y dilatación del tiempo según la velocidad. Cuando la velocidad es baja en comparación con la velocidad de la luz, este término se hace tan pequeño que prácticamente desaparece y reaparecen las fórmulas de Newton.

El aumento de la masa con la velocidad

Ya sabemos que longitud y tiempo son magnitudes fundamentales en física. Cualquier modificación que sufran afectará a las demás fórmulas que se construyen a partir de ellas. Consideremos la 2ª ley de Newton:

FUERZA = MASA x ACELERACIÓN.

Aplicamos fuerza a un cuerpo y va aumento su velocidad. Pero según la relatividad la longitud se contrae y el tiempo se ralentiza. A mayor velocidad más se acentúan esos efectos, por lo que cada vez nos costará más acelerarlo (aplicaremos fuerza, pero cada vez recorrerá una longitud más corta en un tiempo más largo o dilatado). Es como si su “masa” aumentase al aumentar la velocidad. Nótese que (en este caso), no aumenta la “cantidad de materia” sino la “resistencia a la aceleración”, por los efectos relativistas de contracción de longitud y ralentización del tiempo. La masa se define precisamente como “resistencia a la aceleración”. Las fórmulas indican que si el objeto llegase a la velocidad de la luz, su longitud se reduciría a cero, el tiempo se detendría y la masa se haría infinita. No sería posible acelerarlo más. Eso indica que la velocidad de la luz es un límite infranqueable en el Universo. Haber descubierto la velocidad límite es un hecho notable, puesto que no se podría haber descubierto mediante experimentos, ya que nunca podríamos estar seguros de que un experimento posterior no descubriría una velocidad mayor. Sin embargo es la teoría la que nos dice que la velocidad de la luz es el límite en el Universo físico. Además, ahora comprendemos mejor, por qué en el Universo la velocidad máxima debe ser la misma en todos los sistemas de referencia o referenciales. Si no fuera así, la velocidad se podría aumentar simplemente por cambio de referencial, y nunca se podría hablar de una velocidad máxima. Pero si las leyes relativistas no se cumplieran, el electromagnetismo no funcionaría como lo hace, y, por decirlo de alguna manera, el Universo se "desplomaría". Esta "construcción" o "estructura" del Universo que habitamos es la que permite que lo experimentemos como lo hacemos.

Masa y energía

La energía cinética de una partícula depende de su velocidad. La fórmula para la energía cinética es:

$$\text{ENERGÍA CINÉTICA} = \tfrac{1}{2}\,\text{MASA} \times \text{VELOCIDAD}^{2}$$

Pero como hemos visto, de acuerdo con la relatividad la velocidad también aumenta la masa. De modo que un aumento de energía cinética supone también un aumento de masa. Si incremento de energía equivale a incremento de masa, llegamos a la conclusión sorprendente de que la masa es otra forma de energía. Einstein dedujo de las fórmulas relativistas la proporción entre masa y energía. Obtuvo la famosa fórmula:

$$E = m\,c^2$$

(energía es igual a masa por la velocidad de la luz al cuadrado). Podría pensarse que la fórmula solo debería aplicar a la energía cinética, pero hemos visto que en el Universo unas formas de energía se transforman en otras de acuerdo con la ley de conservación de la energía (para obtener energía cinética tendremos que extraerla de alguna otra forma de energía). Para que la ley de conservación de la energía se cumpla y las leyes del Universo sean consistentes hemos de entender que la fórmula tiene validez universal y aplica a todas las formas de energía. En las reacciones químicas Lavoisier comprobó que se cumplía la ley de conservación de la masa. Ahora dos leyes de conservación se fundían en una: La conservación de la energía, considerando a la masa como otra forma de energía.

Antes del descubrimiento de esta fórmula los científicos no podían explicarse la energía que genera el Sol. No había ningún proceso de obtención de energía conocido en la Tierra que generase tan enorme cantidad de energía con una pérdida muy pequeña de masa. Las leyes relativistas, por lo tanto, se extienden más allá de los campos de estudio en los que se originaron. Explican más cosas que las que originalmente pretendían explicar, mostrando que una ley universal cumple muchos propósitos y que el Universo es una entidad donde todo está relacionado y todas sus leyes cooperan juntas para hacer que funcione como lo hace.

La fórmula de la equivalencia entre masa y energía explica también la gran cantidad de energía que se obtiene en las centrales nucleares, o la que se libera en las explosiones atómicas.

El descubrimiento de la equivalencia entre masa y energía nos conduce a una visión del mundo que ya había sido sugerida por Faraday y Boscovich, quienes habían sugerido que aquellos lugares donde percibimos materia, podrían ser "los lugares donde las fuerzas de un campo de fuerza se concentran en un punto"

Entendiendo la relatividad, podemos entender mejor las relaciones entre materia y energía, y entre espacio y tiempo, y su relación con el movimiento.

La Relatividad General

Las tres leyes del movimiento de Newton están de acuerdo con la relatividad cuando se consideran velocidades bajas en comparación con la enorme velocidad de la luz. Pero ¿qué pasa con la ley de Gravitación?. Observemos la fórmula newtoniana:

$$F = G\,(M\,m/\,r^2)$$

Vemos que en ella no aparece el tiempo. La fórmula simplemente indica que donde hay una masa, automáticamente hay atracción gravitatoria.

Según esta fórmula es como si el Sol ejerciese su fuerza de atracción sobre la Tierra en el acto, sin transcurrir tiempo alguno. Es como si la influencia gravitatoria se transmitiese a una velocidad infinita. Para Newton mismo esa "acción a distancia" resultaba sospechosa. Como hemos visto, según la relatividad nada puede viajar más rápido que la luz. En la teoría de campos un cuerpo que ejerce su influencia sobre otro no puede hacerlo de manera instantánea. Las fuerzas no se transmiten directamente de una partícula a otra, sino de la primera partícula al campo y de este a la segunda partícula. El campo cobra por tanto realidad física. Ya hemos visto que la relatividad se deriva de la teoría del campo electromagnético. Pero ¿cómo se puede armonizar la relatividad con la ley de la gravedad?. La respuesta a esta pregunta condujo a la Relatividad General.

El principio de equivalencia

Un cuerpo responde a una fuerza aplicada a él, según su "masa inerte" (o masa de inercia), de acuerdo con la fórmula $F = m \,.\, a$, pero responde a una fuerza de atracción gravitatoria, según su "masa pesante" (o masa gravitatoria), de acuerdo con la fórmula $F = G\,[\,(Mm)/r^2]$. La "masa inerte" es por lo tanto la resistencia de un cuerpo a la aceleración, mientras que la "masa pesante" determina su respuesta a un campo gravitatorio (por ejemplo el de la Tierra); todos los cuerpos caen con la misma aceleración (en la Tierra, 9,8 m/seg.^{2}). La misma cantidad de "fuerza" debe producir la misma cantidad de "aceleración", sin importar si esa "fuerza" proviene de un campo gravitatorio, o de otra fuente, para que todo sea consistente, de modo que podemos igualar las dos expresiones de "fuerza"

Igualemos las dos expresiones de "fuerza":

$$m \,.\, a = G\,[(Mm)/r^2]$$

(Aquí "M" es la masa de la Tierra, y "m" la masa del objeto que cae).

Para ser más concretos:

$$\text{MASA INERTE} \times a = G(M/r^2) \times \text{MASA PESANTE}$$

Podemos medir la "inercia" de un cuerpo usando $F = m \,.\, a$, o podemos medir su "peso" usando $F = G\,[(Mm/r^2)]$; a priori, inercia y peso no tendrían por qué tener el mismo valor. Sin embargo podemos notar que para que la aceleración de la gravedad sea independiente de las características del cuerpo (y por tanto sea la misma para todos los cuerpos acelerados por un campo gravitatorio, como descubrió Galileo), estas ("masa inerte" y "masa pesante") no tendrían que aparecer en la fórmula. Eso solo puede ocurrir si las dos tienen el mismo valor (MASA INERTE = MASA PESANTE). Solo entonces podemos simplificar la fórmula, eliminando esos dos valores en ambos miembros de la ecuación, puesto que son iguales, y nos queda:

$$a = G\,(M/r^2)$$

Así, la aceleración depende solo de la intensidad del campo gravitatorio de la Tierra, y es una constante tal como la experiencia demuestra. Inercia y peso se compensan completamente (A mayor peso, la Tierra tira con más fuerza, pero como mayor peso significa también mayor inercia, el cuerpo se resiste más a la fuerza. Ambos efectos se compensan y el resultado es que todos los cuerpos caen con la misma aceleración).

Einstein se dio cuenta de que esta igualdad entre "masa inerte" y "masa pesante" implicaba la equivalencia entre un sistema en movimiento acelerado y un campo gravitatorio. Consideremos un ejemplo: imaginemos una especie de ascensor, una caja cerrada, sin ventanas, suspendida por un cable y colgando a una altura considerable. Dentro de esta especie de ascensor hay una persona y varios objetos. Supongamos ahora que se corta el cable y el ascensor empieza a caer, Aunque la persona levante los pies del suelo seguirá en caída libre, junto con el ascensor y los demás objetos, todos cayendo con la misma aceleración. A la persona entonces le parecerá que está flotando dentro del ascensor, También los demás objetos parecerán flotar. De hecho, esto es lo que realmente pasa cuando vemos a los astronautas flotar dentro de una nave que está en órbita en torno a la Tierra. Se suele decir que los astronautas están en unas condiciones de "gravedad cero". Pero la gravedad no ha desaparecido, porque es la que mantiene a la nave orbitando en torno a la Tierra, como la Luna. Lo que ocurre es que la nave y todo lo que hay en ella están en caída libre, como en el ascensor imaginario del ejemplo. Einstein se dio cuenta de que una persona en caída libre no siente su propio peso. Pero supongamos ahora que alguien engancha de nuevo el cable del ascensor, y se empieza a hacer que se eleve con un movimiento acelerado, tirando hacia arriba del cable; la persona y las cosas se volverán a pegar al suelo del ascensor y será como si alguien hubiese conectado un campo gravitatorio. Por tanto un sistema en movimiento acelerado y un campo gravitatorio son equivalentes.

Ahora bien, ¿qué ocurre con el espacio y el tiempo en un sistema acelerado?, Consideremos un caso de movimiento acelerado, un disco en rotación, como la plataforma de un tiovivo; (aunque la velocidad, una magnitud vectorial, no cambie de magnitud, cambia de dirección continuamente, por tanto es un sistema acelerado). Imaginemos un habitante de este disco giratorio haciendo mediciones de longitud y de tiempo. Si se coloca en una parte exterior del disco obtendrá unos valores, pero si se coloca en una parte más interna irá a diferente velocidad, y de acuerdo con la relatividad especial la medición de longitudes y tiempos será distinta. De hecho longitudes y tiempos se acortarán o dilatarán constantemente, y tendrán valores diferentes dependiendo de la distancia al centro del disco. Por lo tanto en un sistema acelerado la relatividad hace que los valores de las coordenadas espaciotemporales cambien continuamente de un punto a otro, encogiéndose o dilatándose. En un mundo con esas propiedades no podríamos trazar un sistema de coordenadas rectilíneo. Por ejemplo si tomáramos un plano y tomáramos nuestra "vara de medir" (variable de punto a punto), no podríamos obtener algo semejante a esto:

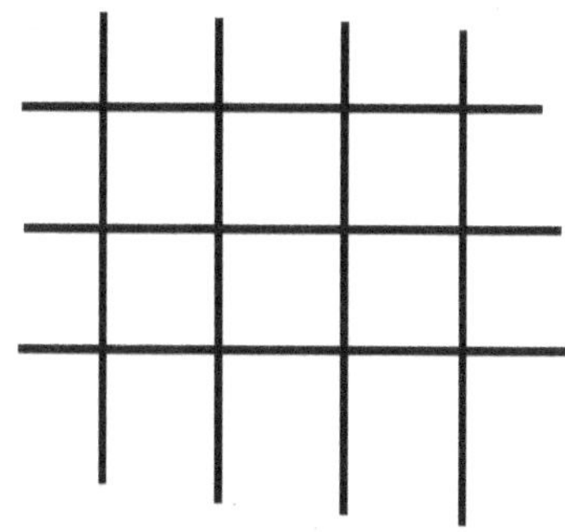

Más bien obtendríamos algo semejante a esto:

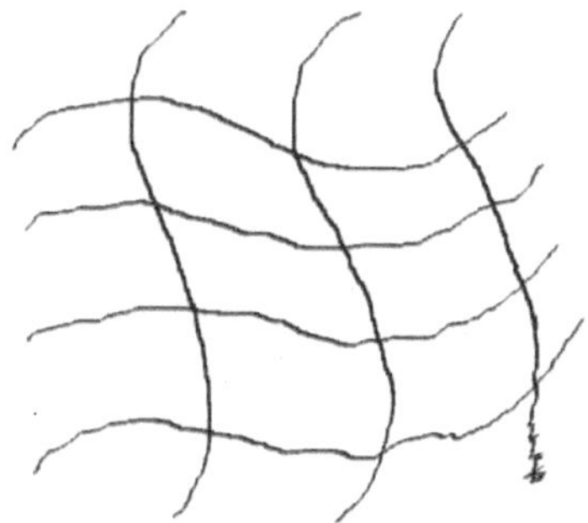

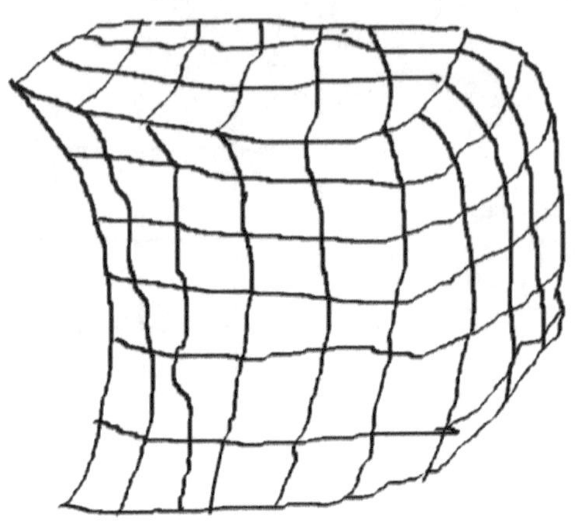

De modo que en un sistema acelerado la relatividad hace que el espacio y el tiempo sean curvos. Pero según el principio de equivalencia lo mismo debe ocurrir en un campo gravitatorio. Según este punto de vista, una gran masa, como la del Sol, origina una curvatura del espacio-tiempo en torno suyo. Altera la geometría de su entorno, deformándola. Los cuerpos en el entorno del Sol se moverán siguiendo trayectorias curvas, porque la geometría es curva, La relatividad conduce a una nueva interpretación de la gravedad. La gravedad se debe a que los cuerpos masivos curvan la geometría de su entorno.

Mientras trabajaba en este tema, Einstein supo que los matemáticos ya habían estudiado, desde hacía años, la geometría de los espacios curvos.

Para estudiar una superficie curva se introduce un sistema de coordenadas que se adapte a la curvatura.

Estas se llaman “coordenadas de Gauss”. Matemáticos como Gauss dudaban de la validez completa de la geometría que estudiamos en el colegio, llamada geometría euclídea (por Euclides, geómetra griego).

Por ejemplo, en la geometría euclídea la suma de los tres ángulos de un triángulo siempre mide 180º; esto se puede comprobar en el siguiente gráfico:

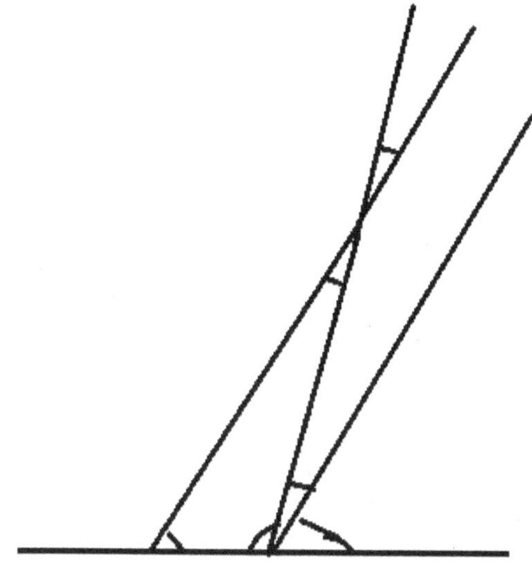

Al trasladar dos de los ángulos, haciendo un "transporte paralelo", para unirlos al tercer ángulo, se ve que los tres suman media circunferencia, o 180°

Sin embargo ¿es esto realmente cierto en la verdadera geometría del mundo real?. Se puede demostrar que solo será cierto si el triángulo se traza en una superficie plana (con curvatura cero). Si trazamos un triángulo pequeño sobre la superficie de la Tierra se cumplirá, pero si vamos aumentando el tamaño del triángulo no se cumplirá debido a la curvatura de la Tierra.

De modo que ¿cuál es la verdadera geometría del Universo?.

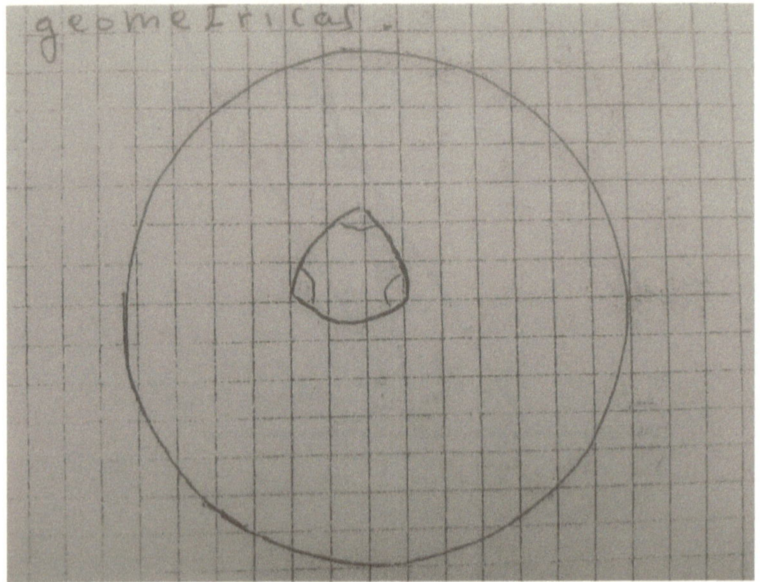

(Ver figura: Si trazamos un triángulo suficientemente grande sobre la superficie de la Tierra, sus tres ángulos sumarán más de 180°. La geometría de Euclides solo se cumple en la superficie de la Tierra como un caso límite, cuando realizamos las mediciones en una porción suficientemente pequeña).

Los experimentos podrían demostrar que la geometría se ve afectada por las propiedades físicas de la materia, la existencia de campos de fuerza, o leyes universales que influyesen en las mediciones geométricas.

De modo que Riemann desarrolló una geometría más general, que aplicase a cualquier clase de espacio, tuviera la estructura que tuviera. Además, para hacerla más general, la geometría se podría extender a cualquier número de dimensiones. Ahora Einstein descubrió que la verdadera geometría del Universo se adaptaba a la geometría prevista por Riemann, y dicha geometría era responsable de lo que conocemos como gravedad. Con la geometría de Riemann, la herramienta matemática que Einstein necesitaba estaba ya lista para su uso. Las fórmulas de esa geometría le sirvieron para calcular hechos que podían ser contrastados con la experiencia. La teoría de Einstein predecía que un rayo de luz seguiría una trayectoria curva al ser afectada por un campo gravitatorio intenso. Esta predicción fue confirmada durante un eclipse de Sol. La luz de una estrella era curvada por el campo gravitatorio del Sol, justo en la medida precisa predicha por la teoría. Además se comprobó que el tiempo se ralentiza al aumentar la intensidad gravitatoria (esto es lo que se quiere decir cuando se habla de que el tiempo es "curvo"). Solo quiere decir que los acontecimientos transcurren más o menos deprisa según la intensidad del campo gravitatorio en el lugar en que se hagan las mediciones. De modo que extendemos el lenguaje que usamos al referirnos a las tres coordenadas espaciales, y decimos que la coordenada temporal también es "curva". Además la teoría de Einstein explicó una anomalía observada en el movimiento del planeta Mercurio, que no había podido ser explicada por la física de Newton. La experiencia por lo tanto ha demostrado la validez de la Relatividad General, la teoría de la gravedad de Einstein.

La "generalidad" de la Relatividad General

La teoría que Einstein desarrolló en 1905, se conoce como relatividad especial o restringida; es la primera que hemos considerado. La extensión que hizo para incluir la gravedad, que completó hacia 1916, es la que acabamos de considerar, y se llama Relatividad General, como hemos dicho. En realidad su "generalidad" no consiste solo en que incluya a la gravedad, sino en algo más profundo.

Desde Galileo sabemos que un sistema de referencia (o sistema de coordenadas) en reposo, no se puede distinguir de otro en movimiento rectilíneo uniforme con respecto a él. Las leyes de la naturaleza, como por ejemplo las leyes del movimiento, se cumplirán y serán las mismas en los dos sistemas. Estos sistemas se llaman inerciales, porque en ellos se cumple la ley de la inercia. Esto se puede expresar así: “Todos los sistemas inerciales son equivalentes para la formulación de las leyes de la naturaleza”. Este es el llamado “principio de la relatividad de Galileo”. Las leyes de la mecánica de Newton se fundamentan en él. En realidad lo que hizo Einstein fue mostrar que se podían mantener estos dos principios:

1- El principio de la relatividad de Galileo (Fundamental en Mecánica)

2- La constancia de la velocidad de la luz (Tal como aparecía en la formulación de Maxwell del electromagnetismo).

La relatividad especial se basa en esas dos ideas. Así pues, tanto la mecánica de Newton, como la relatividad especial, se cumplen en todos los sistemas inerciales, o sea, los que se mueven con movimiento rectilíneo uniforme unos con respecto a otros. Pero en el Universo todo o casi todo está en rotación, incluyendo a la Tierra, y esos sistemas deben considerarse acelerados, pues el “vector velocidad” cambia su orientación, incluso aunque no cambie su magnitud. ¿Por qué entonces hemos encontrado que la mecánica de Newton y la relatividad especial se cumplen en una amplia variedad de fenómenos?. Porque la Tierra y los demás sistemas de referencia son muy aproximadamente inerciales. Dicho de otro modo, aunque son acelerados, sus aceleraciones son muy suaves.

Sin embargo la Relatividad General se acerca más a la realidad, porque considera desde el principio como serían las leyes de la naturaleza en cualquier sistema de referencia. Extiende el principio de la relatividad de Galileo y no da preferencia a los sistemas inerciales. El principio de la Relatividad General puede expresarse así: “Todos los sistemas de coordenadas son equivalentes para la formulación de las leyes de la naturaleza”, o dicho de otro modo: las leyes de la naturaleza deben ser expresadas de manera que sean las mismas en todos los sistemas de coordenadas; si no fuera así no habría un consenso sobre tales leyes, pues cada observador obtendría fórmulas distintas según su estado de movimiento. Los sistemas inerciales son solo un caso particular del caso más general. Al extender la relatividad especial a sistemas en cualquier estado de movimiento aparece la curvatura del espacio-tiempo, y la gravedad queda explicada como consecuencia de esa “geometría curva”. La Relatividad General se ha mostrado más exacta que la teoría de Newton. Si el principio de Relatividad General no se cumpliera en el Universo, como hemos dicho, unos observadores no se pondrían de acuerdo con otros en cuanto a sus leyes más fundamentales, y eso haría que quizá ni siquiera se podría hablar de leyes universales.

La Teoría Cuántica; Luz y Materia

La luz sale de la materia, bien sea de los cuerpos incandescentes, o reflejada por los cuerpos que son iluminados por cuerpos incandescentes. Como hemos visto, la materia tiene naturaleza eléctrica, y Maxwell descubrió que la luz consiste en ondas electromagnéticas (según la teoría de Maxwell, además de la luz visible, pueden existir radiaciones cuya longitud de onda está más allá del violeta, o por debajo del rojo, ultravioleta e infrarrojo). También son ondas electromagnéticas, con diferente longitud de onda, las ondas de radio y televisión, los rayos gamma, los rayos X, las microondas etc.

La radiación de cuerpo negro

Kirchhoff había descubierto que cuando diferentes cuerpos eran irradiados con radiación térmica, cada uno absorbía una fracción determinada de la radiación y emitía el resto; de modo que cada cuerpo tiene una capacidad diferente para absorber calor; sin embargo el cociente entre la radiación emitida por los diferentes cuerpos, y su capacidad de absorción, es siempre el mismo, de modo que no depende del material o de las características del cuerpo; debía existir por tanto una ley universal para la radiación térmica que aplicase a todos los cuerpos sin importar su naturaleza.

Encontrar la forma de esa ley universal se convirtió en uno de los principales objetivos de los físicos.

Un cuerpo que tuviese la máxima capacidad de absorción, retendría toda la radiación que recibiese, por lo que se le llamó “cuerpo negro”; sería el absorbente perfecto.

Si elevase su temperatura sería también el emisor ideal, puesto que un cuerpo cuando es calentado, emite las mismas frecuencias que recibe cuando no lo es.

Wien, a partir de consideraciones termodinámicas, indicó que la fórmula universal buscada debía ser una función del cociente entre frecuencia y temperatura.

Medir experimentalmente la radiación de cuerpo negro sería una guía y al mismo tiempo una confirmación de la ley teórica que se propusiese.

Pero hasta los cuerpos que parecen negros a nuestra vista, en general emiten en el infrarrojo en forma de calor. Sin embargo se podía usar una cavidad con un diminuto orificio; la radiación entraría en él y empezaría a viajar entre sus paredes internas, siendo despreciable la probabilidad de que volviese a salir por el orificio, de modo que éste se podría considerar un cuerpo negro; ocasionalmente la radiación podría salir por el orificio, perdiendo las paredes energía y enfriándose, pero recuperarían pronto el equilibrio térmico con la radiación que entrase; de modo que el orificio se comportaría como un cuerpo negro absorbiendo toda la energía que le llega y a su vez emitiendo toda la correspondiente al equilibrio térmico.

De esta forma se obtuvieron gráficas experimentales de la radiación de cuerpo negro. Estas presentaban un máximo en la región de frecuencias intermedias, mientras que tanto las frecuencias bajas como las altas contribuían poco a la intensidad de la radiación.

Wien propuso una fórmula que daba resultados que se ajustaban bien en el extremo de las frecuencias altas, pues su fórmula incluía un término de decrecimiento exponencial al aumentar la energía, y las frecuencias altas corresponden a energías altas de los osciladores que las generan. Pero para las frecuencias bajas las predicciones no coincidían con las observadas experimentalmente.

Max Planck, dedujo otra fórmula parecida; en aquel tiempo, Boltzmann y otros habían obtenido explicaciones de las leyes de la termodinámica basadas en la existencia de los átomos y moléculas, aplicando las leyes de la mecánica clásica a grandes cantidades de ellos, usando métodos estadísticos. La temperatura era considerada como resultante de la energía cinética de las partículas dentro de un recipiente. El choque incesante de las partículas contra las paredes del recipiente determinaba la presión, de modo que la temperatura era proporcional a la energía promedio de las partículas, y la constante de proporcionalidad "k" se denominaba "constante de Boltzmann".

En el equilibrio térmico, es decir, cuando todas las partículas, tras sus incesantes choques intercambiando velocidad, alçanzaban aproximadamente la misma energía, se aplicaba la ley de equipartición, asignando la misma energía y por tanto la misma velocidad a cada partícula.

Pero en aquel tiempo la teoría atómica era considerada como una hipótesis, y no se consideraba como algo totalmente probado; las leyes de la termodinámica eran consideradas por muchos físicos como leyes universales, no reducibles a otras, y por tanto no consideraban necesario que tuviesen que ser explicadas por la mecánica estadística.

Max Planck era consciente de la importancia de encontrar la ley universal de la radiación térmica hacia la que señalaba el descubrimiento de Kirchhoff, y además, aunque era tolerante con las interpretaciones estadísticas, consideraba también las leyes de la termodinámica y el electromagnetismo como leyes universales irreducibles.

Imaginó un modelo de cuerpo negro como una cavidad cuyas paredes contenían osciladores eléctricos que emitían en todas las frecuencias. Para encontrar la ley de radiación en el equilibrio térmico, se vio obligado a utilizar los métodos estadísticos, y también la ley de equipartición de la energía entre los diferentes osciladores.

Si suponía que la energía era absorbida y emitida de forma continua, tomando ésta cualquier valor, al ser infinito el rango de valores, las formas posibles de repartir la energía disponible entre los osciladores eran infinitas, y no había manera de hallar una solución.

De modo que se vio llevado a suponer que la energía de los osciladores no podía tomar cualquier valor, sino solo un valor determinado proporcional a su frecuencia; introdujo una constante de proporcionalidad entre energía y frecuencia, que fue llamada "h".

Los osciladores de frecuencia baja contribuirían poco a la intensidad de la radiación, aun cuando hubiese muchos, debido a que "h" tenía un valor muy pequeño; por otra parte los osciladores de alta frecuencia requerirían mucha energía, de modo que habría pocos, pues la energía disponible a repartir no podía ser ilimitada; el número de osciladores de frecuencias intermedias, en cambio, podía ser mucho mayor, y por tanto serían los que más contribuirían a la intensidad de la radiación, explicando así el máximo en la gráfica que se obtenía en los experimentos.

Aunque la "equipartición" funcionaba en la mecánica estadística, y se asignaba la misma cantidad de energía a cada partícula al alcanzar el equilibrio térmico, no ocurría lo mismo con la radiación; a cada frecuencia le correspondía una cantidad de energía distinta, pero siempre un múltiplo de la constante "h".

Los físicos ingleses Rayleigh y Jeans intentaron obtener la ley de radiación a partir del electromagnetismo clásico; la fórmula que obtuvieron concordaba bien con los valores experimentales en la zona de frecuencias bajas, pero para las frecuencias altas predecía una energía que crecía sin límite, lo que evidentemente no ocurría, de modo que se llamó a ese resultado "catástrofe ultravioleta".

Era la fórmula de Planck la que concordaba con los experimentos; todo esto señalaba hacia la necesidad de una revisión de algunos de los conceptos de la física clásica.

Para estar de acuerdo con los valores experimentales había que admitir que la energía no se emite con cualquier valor, sino solo con unos valores determinados que son todos múltiplos de la constante "h".

Pero ¿qué es "h"?. Despejémosla de la fórmula y veamos lo que obtenemos. La fórmula es E = h v. La frecuencia de un oscilador es el número de ciclos por unidad de tiempo; el periodo es el tiempo invertido en un ciclo completo. Supongamos una frecuencia de 2 vueltas o ciclos por segundo. Tiene que dar una vuelta en medio segundo. El periodo es por tanto ½ segundo por vuelta o ciclo. De modo que el periodo es el inverso de la frecuencia. Podemos por tanto escribir la fórmula de Planck así:

$$E = h \cdot 1/t, \text{ y despejando h, } E \cdot t = h$$

De modo que "h" tiene dimensiones de energía por tiempo; es lo que en mecánica denominamos acción.

El efecto fotoeléctrico

Se había descubierto que al incidir la luz sobre determinados metales, el impacto energético conseguía arrancar electrones del metal, haciéndolo conductor (ese es el fundamento de la célula fotoeléctrica, las placas de energía solar fotovoltaica, las placas fotosensibles de las cámaras de televisión y vídeo, etc.). Sin embargo al aumentar la intensidad de la luz, no aumentaba la energía de los electrones arrancados, pero al cambiar el color sí. El color depende de la frecuencia de la luz. En 1905, el mismo año en que sentó las bases de la relatividad especial, Einstein publicó otro artículo en el que explicó el efecto fotoeléctrico basándose en la fórmula E = h v. Según ella, la frecuencia "v" determina la energía de la luz incidente, y por lo tanto los electrones del metal adquieren más o menos energía dependiendo de la frecuencia (color), y no de la intensidad de la luz que se use. A cada valor determinado por la fórmula E = h v se le puede considerar un "cuanto" de energía luminosa o "fotón". Al aumentar la intensidad, aumenta el número de "fotones", y cada fotón incide sobre un electrón. Por tanto, si aumenta la intensidad, aumenta el número de electrones arrancados, pero no su energía. La fórmula E = h v, que Max Planck introdujo para explicar la radiación de cuerpo negro, explicaba también el efecto fotoeléctrico, lo que indicaba que encerraba alguna verdad profunda sobre el mundo físico.

La naturaleza eléctrica de la materia

Los primeros estudios de los fenómenos eléctricos y magnéticos, de los que ya hablamos, demostraban claramente la naturaleza eléctrica de la materia. Al igual que la gravedad y la luz, las fuerzas eléctricas y magnéticas brotaban de la materia en determinadas circunstancias. Las propiedades eléctricas de la materia también arrojarían luz sobre su estructura, y así se podrían combinar los resultados que se obtuviesen al estudiar las propiedades eléctricas, con los de la teoría atómica.

Se descubrió, ya en tiempo de Faraday, que una corriente eléctrica podía separar los átomos componentes de las moléculas de una sustancia. Eso sugería que el enlace atómico era de naturaleza eléctrica. Este fenómeno se denomina “electrólisis”. La pila de Volta ya indicaba que había relación entre fenómenos químicos y eléctricos, puesto que se generaba electricidad a partir de procesos químicos. Faraday experimentó con la electrólisis e hizo mediciones. Descubrió que para depositar en uno de los electrodos un mol de sustancia, se necesitaba siempre la misma cantidad de carga eléctrica, independientemente de la sustancia que fuera. Concretamente 96.500 culombios, en números redondos. Como ya vimos, en un mol de cualquier sustancia hay el mismo número de partículas, el Número de Avogadro. El número de Faraday (96.500 culombios), sugería que existe una cantidad elemental de electricidad, o carga eléctrica elemental. Si se supone que cada partícula transporta una unidad de carga, el número de Faraday debe ser igual al número de partículas depositadas en el electrodo (un mol), multiplicado por el valor de la carga elemental; o sea el número de Avogadro por la carga que transporta cada partícula:

96.500 culombios = Número de Avogadro x carga elemental

$$F = Na \cdot e$$

Bastaría conocer el número de Avogadro para conocer el valor de la carga eléctrica elemental, o a la inversa , sabiendo el valor de la carga elemental , determinar el número de Avogadro. (En la actualidad se conocen los dos números con bastante exactitud).

Esta explicación de la electrólisis sugiere que un átomo neutro (no ionizado, no cargado eléctricamente) contiene una cantidad de carga eléctrica positiva y la misma cantidad de carga eléctrica negativa, siendo esta carga, siempre un múltiplo entero de la carga elemental. El átomo podría no ser indivisible, sino componerse de partículas con carga positiva y partículas con carga negativa. (La palabra “átomo” viene del griego, y significa “sin partes”, o sea indivisible; a pesar de que la idea ha cambiado, la palabra se sigue manteniendo).

El modelo atómico de Thompson

Thompson sugirió que el átomo podría consistir en una esfera de carga eléctrica positiva en la que se encontraban incrustadas partículas más pequeñas de carga eléctrica negativa, o electrones, como si se tratase de un pastel de pasas.

El modelo nuclear de Rutherford

La radiación emitida espontáneamente por los elementos radiactivos fue sometida a campos eléctricos o magnéticos y resultó consistir en tres tipos de rayos, llamados α, β, γ, las tres primeras letras del alfabeto griego. Las partículas alfa se desviaban como si tuvieran carga eléctrica positiva (eran núcleos de helio). Las partículas beta eran de carga negativa (electrones), y los rayos gamma no se desviaban (eran ondas electromagnéticas). Rutherford lanzó partículas α contra una lámina fina de oro, y descubrió para su sorpresa que la mayoría la atravesaban, y solo unas pocas eran desviadas o rebotaban. La mayor parte atravesaban la lámina y eran detectadas al otro lado, como si hubieran atravesado átomos con grandes espacios vacíos. Las que rebotaban o eran desviadas, debían ser las que daban en los lugares donde se concentraba la carga, o en sus proximidades. A partir de estos experimentos Rutherford propuso un modelo del átomo en el que la carga positiva estaba concentrada en un núcleo diminuto (cuyas dimensiones se pudieron estimar, y resultó ser muchísimo más pequeño que el tamaño del átomo), rodeado de los electrones girando alrededor. Se parecía a un Sistema Solar en miniatura. Sin embargo había una dificultad. Si se aplican las leyes clásicas del electromagnetismo, el electrón debería radiar al moverse en torno al núcleo, generando magnetismo al ser una carga en movimiento. Al hacerlo perdería energía (transmitiéndola al campo magnético generado), lo que haría que se acercase más al núcleo por la atracción eléctrica. Seguiría perdiendo energía, y finalmente, en un tiempo muy breve, se precipitaría contra el núcleo. El modelo de Rutherford explicaba la dispersión de partículas α, pero según la física clásica era inestable.

La Teoría cuántica "salva" al átomo: El modelo de Bhor

Niels Bohr pensó que la fórmula $E = h\nu$, que servía para explicar la radiación de cuerpo negro y también el efecto fotoeléctrico, podía ser la clave para evitar el colapso del átomo de Rutherford. La aplicación del electromagnetismo clásico no funcionó para explicar la radiación térmica de cuerpo negro, pues la fórmula de Rayleigh-Jeans predecía la llamada "catástrofe ultravioleta", que evidentemente no ocurre; la aplicación rigurosa del electromagnetismo clásico era también la que predecía el colapso del átomo de Rutherford; pero si la energía no puede tomar cualquier valor, el electrón en órbita no podría radiar de manera continua, como predecía el electromagnetismo. Probablemente esa limitación cuántica evitaría que se precipitase hacia el núcleo. El electrón no puede ir pasando por un rango continuo de valores de energía siguiendo una espiral continua hasta el núcleo. En lugar de esa espiral, Bohr conjeturó que habría ciertas órbitas "estables" en las cuales el electrón podría permanecer sin radiar energía en forma de magnetismo. Al recibir un fotón de energía E = h ν, el electrón gana energía y pasa a una órbita superior. A la inversa, si el electrón emite un fotón, se deshace de una cantidad de energía de valor E = h ν y pasa a una órbita inferior. Al pasar de una órbita a otra el electrón realiza un "salto cuántico", de un estado energético a otro, No hay valores de energía intermedios puesto que la energía solo puede tomar los valores discontinuos permitidos por la fórmula cuántica. Por lo tanto en el modelo de Bohr no cabe pensar en el electrón recorriendo una trayectoria al ir de una órbita "estable" a otra. Más bien es como si el electrón desapareciese de una órbita y automáticamente apareciese en otra. Era un poco misterioso, pero en física ya estamos acostumbrados a eso. Como dijimos, la búsqueda de las leyes del Universo es como un viaje a territorio desconocido. Podemos llevarnos sorpresas y encontrar cosas que no nos parezcan "normales". Pero ¿por qué consideramos "normal" una cosa?; porque funciona según las normas a las que estamos acostumbrados. Pero al investigar en nuevos dominios las normas pueden ser otras. Si desde pequeños hubiésemos visto que las cosas "normalmente" aparecen o desaparecen, o desaparecen de un lugar y aparecen en otro, porque hubiésemos nacido en un mundo con esas propiedades, estaríamos acostumbrados a esas leyes o normas y no nos resultarían extrañas.. Según la teoría cuántica percibimos el mundo a saltos. En realidad no es tan difícil de entender . Cuando vamos a ver una película al cine, lo que vemos es una sucesión muy rápida de imágenes fijas que crean la "ilusión", o tal vez sería más correcto decir que generan en nosotros la percepción de movimiento continuo, sin interrupciones entre una imagen estática y otra. En realidad la pantalla permanece oscura tanto tiempo como el que permanece iluminada. Entre la aparición instantánea de un fotograma y la aparición instantánea del siguiente, hay un momento en que la pantalla está oscura. La proyección de una película es en realidad una proyección muy rápida de imágenes fijas; el proyector de cine, es como un proyector de diapositivas que pasa de una imagen a otra con mucha rapidez. Se solía decir que no percibimos los intervalos de oscuridad debido a la persistencia de la imagen en la retina, pero de acuerdo con la moderna neurociencia parece que son las regiones cerebrales encargadas del procesamiento de la información visual, las que, de alguna manera, "mantienen" la información contenida en cada fotograma estático, generando nuestra percepción de movimiento continuo y sin interrupciones. Según la teoría cuántica también percibimos la naturaleza a saltos, como una secuencia de percepciones discontinuas, igual que las películas. No nos damos cuenta del llamado "salto cuántico" debido al pequeñísimo valor de la constante h, que cuantiza la energía en valores discontinuos pero muy próximos entre sí (en otras interpretaciones de la teoría cuántica, posteriores a la original, se cuestiona si es apropiado hablar de "saltos cuánticos"; el "problema de la medida", lo que le ocurre a la "onda" cuando se hace una observación, si desaparece o no, y cómo debe interpretarse la mecánica cuántica, es todavía un asunto que se sigue investigando). Tal como entre un fotograma y otro de la película no hay nada sino oscuridad, según la teoría cuántica, en el mundo de nuestras percepciones no existen los valores intermedios de energía, ni los pasos intermedios que supuestamente debería recorrer el electrón al pasar de una órbita a otra. Esa supuesta trayectoria no existe, no se manifiesta. Las leyes de la naturaleza, según la teoría cuántica, son tales, que no permiten la aparición en el mundo físico, (el mundo que observamos, el mundo de nuestras percepciones) de ciertos valores de las variables que caracterizan el movimiento del electrón (u otra partícula). Por lo tanto podemos decir que en el mundo de nuestras percepciones (es decir, aquello que nosotros podemos observar o medir), esos valores no existen.

El concepto de trayectoria en teoría cuántica, aunque existe, tiene un significado diferente y más limitado que en la física clásica (aunque desde otro punto de vista quizá sería más correcto decir "más ampliado"). En realidad, según la física clásica también, cuando observamos y medimos la trayectoria de un móvil, lo que medimos es una sucesión de sus posiciones en intervalos de tiempo muy reducidos. Si no pudiésemos hacer las mediciones en intervalos de tiempo que consideramos "infinitesimales", la trayectoria también daría saltos: los valores de las posiciones sucesivas serían discontinuos. La física clásica supone que se pueden medir las posiciones en intervalos de tiempo infinitamente cortos, pero en la práctica no es así, aunque hay técnicas matemáticas que permiten, al menos en teoría, hacer cálculos sobre "trayectorias continuas" con el grado de aproximación y precisión que se quiera o se precise, el cálculo infinitesimal, que también es preciso utilizar en teoría cuántica, tal como es entendida hasta ahora.

No obstante la teoría cuántica parece ofrecer más perspicacia sobre el concepto de "movimiento". Nos conduce a un análisis cuidadoso de conceptos sobre la realidad que habíamos dado por sentado, tal como la relatividad nos dio más perspicacia sobre conceptos como "espacio", "tiempo", "masa" y "energía".

El modelo de Bohr y el espectro del hidrógeno

La luz que emite un material se puede descomponer por medio de un espectroscopio. Se hace pasar la luz por un prisma de vidrio, y se divide o fracciona. Por ejemplo la luz blanca se descompone en colores. Esto se debe a que, como ya vimos, cada color , al tener diferente longitud de onda, se desvía en un ángulo determinado al atravesar el prisma; cuando cada frente de onda entra por una cara del prisma formando un ángulo oblicuo con dicha cara, las diferentes partes de ese frente de onda van entrando en el material del prisma en tiempos ligeramente diferentes, y como la luz viaja a menor velocidad dentro del prisma, las partes del frente de onda que van entrando antes se van frenando primero que las que van entrando después; esto ocasiona el desvío. Cuando la luz sale por la otra cara del prisma, ya fraccionada o refractada, e ilumina o se proyecta sobre alguna superficie o pantalla, observamos lo que se llama un espectro de franjas de varios colores. Cada sustancia emite un espectro diferente, debido a que su constitución atómica o molecular es distinta a la de otras, y esto influye en los valores de sus frecuencias de emisión (así como en las de absorción), ya que tales frecuencias dependen de las distintas interacciones de la luz y otras radiaciones con las partículas que componen cada átomo o molécula (como vimos antes, las diversas frecuencias de las radiaciones entrantes y salientes que interaccionan con los electrones, determinan los valores de la energía absorbida y emitida de acuerdo con la fórmula cuántica, en la que el valor de la energía viene dado por la frecuencia multiplicada por la constante de Planck) . Esto resulta muy útil, por ejemplo para los químicos y los astrofísicos, puesto que se puede deducir la composición de un objeto (los átomos o moléculas que lo constituyen), analizando la luz que emite. Bohr aplicó su modelo del átomo al elemento más sencillo, el hidrógeno, puesto que solo contiene un electrón, y el modelo predijo correctamente las líneas o bandas observadas en el espectro. Cada línea corresponde a una frecuencia emitida por el átomo, al efectuar una transición de un estado energético a otro. Sin embargo, una observación más afinada del espectro del átomo de hidrógeno, reveló que cada línea se componía de varias líneas muy próximas entre sí. Eso indicaba más niveles de energía posibles para el electrón en el átomo. Aparecieron más líneas aún al someter al átomo a un campo magnético: Para explicar esas nuevas frecuencias se amplió el modelo original de Bohr. En primer lugar se supuso que podrían existir órbitas elípticas, y no solo circulares; en segundo lugar tal vez la órbita podría tomar diferentes orientaciones espaciales; además el electrón podría girar en torno a sí mismo en dos sentidos distintos. Así, se imaginaron más grados de libertad para el electrón, lo que redundaría en más posibles estados energéticos, y eso podría explicar las nuevas líneas observadas en el espectro; las órbitas elípticas, por ejemplo, implicarían que la distancia del electrón al núcleo variaría al recorrer la órbita (como en el caso de los planetas al girar en torno al Sol); para cada distancia la atracción eléctrica sería distinta, y por tanto cambiaría la velocidad y energía cinética del electrón; por otro lado, al ser una carga eléctrica en movimiento se puede considerar al electrón como un pequeño imán, pues una carga en movimiento genera magnetismo; al someterlo a un campo magnético, tanto la orientación espacial de la órbita con respecto al campo magnético, como su supuesto sentido de giro en torno a su supuesto "eje", influirían también en los valores de la energía de origen magnético debida a la interacción entre el campo magnético aplicado y el propio magnetismo generado por el electrón, ya que la fuerza magnética, al igual que otras fuerzas, es una magnitud vectorial, y por tanto su orientación (en este caso con respecto a la orientación del campo magnético aplicado) influye en el efecto que tendrá dicha fuerza, y por tanto en la energía que se obtendrá al aplicarla. De modo que se podía caracterizar el estado del electrón en el átomo por medio de cuatro números, llamados números cuánticos, que determinaban sus posibles grados de libertad, y por tanto sus estados energéticos.

Wolfgang Pauli propuso el llamado "principio de exclusión", según el cual, en un átomo no puede haber dos electrones con los mismos números cuánticos, o sea, en el mismo estado energético; de modo que en átomos con varios electrones, estos deben irse organizando y escalonando en los diferentes niveles energéticos permitidos. Esta resultó ser la explicación de la Tabla periódica. Los elementos con propiedades químicas parecidas tienen el mismo número de electrones en su última capa. Si el átomo de un elemento no tiene suficientes electrones para completar todos sus niveles energéticos permitidos, tenderá a captarlos de otros átomos, debido a la tendencia de todos los sistemas físicos a conseguir un estado de energía equilibrado y estable (por ejemplo, si aplicamos una fuerza para estirar una goma, está tendrá más energía debido a que está más tensa, pero si la soltamos su tendencia será la de deshacerse de esa energía adicional y volverá a su estado natural de menor energía). De modo que habrá átomos que se mantendrán unidos por medio de compartir electrones, formando así una molécula en la que cada átomo componente, usando un lenguaje metafórico, no se "sentirá tenso", por decirlo así (como en el ejemplo de la goma), al encontrarse la molécula en un estado estable natural de energía, estado en el que no se encontraban los átomos componentes antes de asociarse para formar la molécula. Eso explica el por qué del enlace químico, mediante el cual los átomos se unen o asocian para formar moléculas. Los elementos químicos con sus niveles completos, como los gases nobles o inertes, no son químicamente activos y no tienden a formar compuestos; se mantienen estables. Otros elementos son muy activos químicamente porque necesitan asociarse con otros átomos para completar sus niveles de energía permitidos. De hecho, los gases nobles ocupan una sola columna de la tabla periódica, pero la mayor parte de los elementos de ésta son activos químicamente, en mayor o menor grado. Eso permite la formación de una cantidad inmensa de moléculas distintas con diferentes propiedades, y da lugar a que haya mucha actividad química; y eso genera gran cantidad de procesos naturales de cambio, y los importantes procesos de la vida misma; la digestión , por citar un ejemplo, implica una cantidad considerable de reacciones químicas que proporciona a los seres vivos la energía que necesitan, y los materiales estructurales que regeneran sus organismos; toda la actividad celular es posible debido a reacciones químicas; de hecho se podría quizás decir que consiste en ellas, así como todo el funcionamiento coordinado de los diferentes órganos que componen a los seres vivos. De modo que sin reacciones químicas no habría vida, tal como la conocemos, ni otros procesos naturales; sería como si todo estuviese "congelado".

La idea de De Broglie

Estaba ya muy claro que la fórmula E = h ν tenía que ser tomada en serio como una ley de la naturaleza. Cuando Einstein la utilizó para explicar el efecto fotoeléctrico, introdujo la noción de una especie de naturaleza dual de la luz; cada cuanto de energía transmitía su energía a un único electrón, que era considerado como una partícula puntual clásica, con una posición bien definida en el espacio; esto daba la idea de que cada cuanto de energía luminosa poseía en ese momento también una posición puntual bien definida, como si se tratase de una "partícula de luz" o "fotón"; pero al mismo tiempo, la fórmula contenía un término para la frecuencia, que es una propiedad característica de las ondas, de los procesos ondulatorios y oscilatorios; no se podía cambiar la fórmula eliminando ese término, pues precisamente la frecuencia (color) de la luz, era la que determinaba la energía que se transmitía al electrón, y concordaba con los resultados experimentales sobre el efecto fotoeléctrico; por supuesto se podía pensar que tanto el electrón como el fotón eran partículas puntuales que oscilaban, pero que en el momento de intercambiar energía coincidían en una determinada posición; de hecho la idea que se tenía entonces (puesto que no se conocía la estructura interna del átomo), era que, o bien el propio átomo, o "algo" en él, tenía que estar oscilando, dando origen a la luz y otras radiaciones que brotaban de la materia. Anteriormente había habido un debate histórico sobre si la luz consistía en "partículas" o en "ondas", pero para ese tiempo, se consideraba bien establecido que la luz consistía en ondas electromagnéticas; no solo se habían hecho experimentos en los que se cruzaban haces de luz y se producían fenómenos evidentes de interferencia, típicos de las ondas, sino que la teoría de Maxwell del electromagnetismo predecía claramente la generación de ondas electromagnéticas, cuya velocidad era justamente la velocidad de la luz. La explicación del efecto fotoeléctrico por medio de la fórmula E = h ν, ahora parecía indicar que la luz mostraba un comportamiento dual, con características tanto de onda como de partícula.

Entonces Louis De Broglie propuso que, por razones de simetría, las mismas fórmulas tal vez podrían aplicar no solo a la luz, sino también a otras manifestaciones energéticas, como el electrón; de ser así, si la fórmula E = h ν se aplicaba, no solo a la radiación emitida y absorbida, sino también a la materia (en este caso, al electrón), habría que asociar una frecuencia al electrón. En ese caso, este podría también manifestar características ondulatorias, como la luz. De Broglie entonces realizó unos cálculos matemáticos sencillos, usando las dos fórmulas de la energía:

“$E = h\nu$” y “$E=mc^2$”

Si fuese cierto que estas dos fórmulas aplicaban igualmente tanto a la materia como a la radiación, y ambas podían manifestar características tanto de onda como de partícula, las dos expresiones se podrían igualar (de acuerdo con el principio de conservación de la energía), pues se las podía considerar dos maneras distintas de calcular el valor de la energía de todas las entidades que manifestasen tal dualidad “onda-partícula”.

Igualando las dos expresiones de la energía obtenemos:

$$h\nu = mc^2$$

En el movimiento ondulatorio la longitud de onda nos indica el espacio recorrido por la onda en cada ciclo y el periodo es el tiempo invertido en completar un ciclo.

De esas dos magnitudes calculamos la velocidad de la onda:

velocidad = espacio/tiempo = longitud de onda/periodo

pero ya sabemos que el periodo es el inverso de la frecuencia:

$$\nu = 1/t$$

de modo que:

velocidad = longitud de onda / periodo = longitud de onda x frecuencia = λ ν

En la fórmula $h\nu = mc^2$, c es la velocidad, por tanto aplicando la relación entre velocidad de la onda, longitud de onda y frecuencia, tenemos que:

$$c = \lambda \nu \text{ y } \nu = c / \lambda$$

de modo que:

$$E = h\nu = h(c/\lambda), \text{ por tanto } E = mc^2 = h(c/\lambda)$$

Despejamos de aquí la longitud de onda λ :

$$mc^2 = h(c/\lambda);\ \lambda mc^2 = hc;\ ;\ \lambda = hc/mc^2;\ \lambda = h/mc$$

Pero si tenemos una partícula cuya velocidad es v en vez de c (que es la velocidad de la luz), entonces la fórmula será:

$$\lambda = h / m v$$

Se podía así asociar al electrón una longitud de onda. Esta idea suministraba una posible explicación de las órbitas permitidas de Bohr. Según la idea de De Broglie, las órbitas cuya longitud no permita encajar un número entero de longitudes de onda, se anulan debido al conocido fenómeno de interferencia entre ondas:

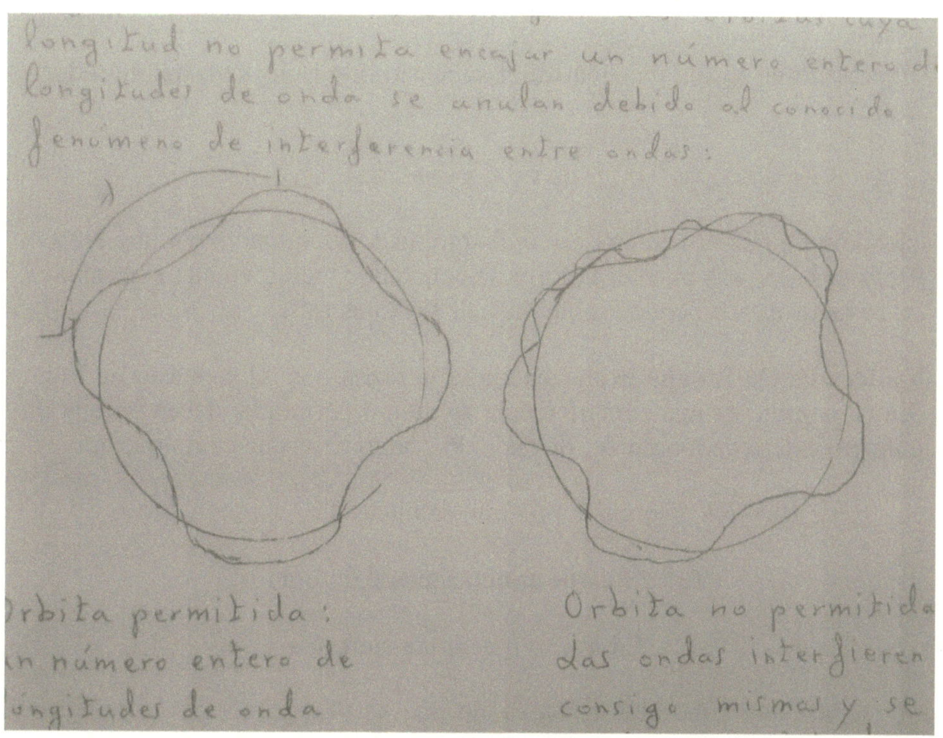

(Ver figura):

Órbita permitida: un número entero de longitudes de onda encajan en la longitud 2 π r de la circunferencia de radio r.

Órbita no permitida: Las órbitas interfieren consigo mismas y se anulan por interferencia destructiva.

Se obtenía así una explicación de la cuantización del momento angular que había sido postulada por Bohr. Como vimos, en el modelo de Bohr, no todos los radios estaban permitidos, de modo que había que suponer que el momento angular, el producto mvr, estaba cuantizado en unidades enteras de $h / 2\pi$.

Expresado en forma matemática el supuesto que Bohr tuvo que introducir era:

$$mvr = n \times (h / 2\pi)$$

siendo n un número entero. Sin embargo no se comprendía por qué era así; Bohr se basó para obtener la fórmula concreta e incluir en ella el término 2π, en datos experimentales obtenidos de los espectros.

La idea de De Broglie explicaba ahora la razón para el supuesto de Bohr: En la longitud de una circunferencia de radio r permitido, deben encajar un número entero de longitudes de onda. Por tanto tiene que cumplirse que:

$$2\pi r = n\lambda, \text{ y como } \lambda = h / mv, \text{ entonces } 2\pi r = n \times (h / mv),$$

de donde $mvr = n (h / 2\pi)$, que es el postulado de Bohr.

La nueva mecánica cuántica

A medida que hubo que ir añadiendo nuevas ideas al modelo original de Bohr, para ajustarse a los hechos experimentales, los físicos fueron pensando que tal vez lo que se necesitaba era una reformulación total de la mecánica. Después de todo, Bohr solo utilizó la fórmula $E = h\nu$, y la cuantización del momento angular. Pero en cierto modo, su modelo era una mezcla de esas ideas cuánticas con ideas de la mecánica clásica: Ya que la energía es una magnitud derivada, que se obtiene a partir de otras más fundamentales, como la longitud y la velocidad, tal vez modificando de la manera correcta las magnitudes fundamentales, de forma que al llegar a la energía se obtuviese la fórmula $E = h\nu$, se conseguiría comprender la razón oculta que hay tras la fórmula cuántica. Se necesitaba por lo tanto una nueva mecánica, una mecánica cuántica.

Las matrices de Heisenberg

Werner Heisenberg, era uno de los que trabajaban en dilucidar los problemas del modelo atómico de Bohr. Se convenció de la necesidad de construir una teoría que se basase solo en las magnitudes observables. Las órbitas estacionarias o estaciones en las que el electrón en el átomo no radiaba, no eran observables. En realidad lo único que observamos del átomo son las frecuencias e intensidades del espectro que emite. De modo que Heisenberg se propuso descubrir las reglas matemáticas que relacionasen las variables fundamentales que caracterizan el movimiento del electrón, su posición y su velocidad, con las frecuencias observadas. Obtuvo los valores experimentales de las frecuencias que eran emitidas o absorbidas cuando los átomos pasaban de un estado energético a otro y dispuso en forma de tabla tales valores para las transiciones entre estados; a partir de ahí, considerando el átomo como un simple oscilador, y después de mucho trabajo, dedujo a partir de las tablas de valores experimentales, las reglas matemáticas que había que utilizar para calcular todas las posibles transiciones.

Cuando finalmente los cálculos encajaron, se podían calcular las frecuencias observadas operando con esas tablas (por ejemplo, utilizando una tabla numérica o matriz para los posibles valores de la coordenada de posición, y lo mismo para otras variables, y operando entre ellas). Max Born y Pascual Jordan descubrieron a partir del trabajo de Heisenberg lo que se llamó "la relación mecano-cuántica fundamental":

$$p\,q - q\,p = h / 2\pi i$$

donde p es la matriz (o tabla numérica) de momentos, que da las posibles velocidades del electrón (p = m v), q es la matriz de coordenadas, h es la constante de Planck, e $i = \sqrt{-1}$. El producto p q no es conmutativo, porque p y q no representan aquí números normales, sino tablas numéricas o matrices.

A partir de esa relación fundamental de coordenadas y momentos se llegaba a la fórmula correcta $E = h\,\nu$.

La formulación de Dirac, la mecánica matricial, y la mecánica ondulatoria.

En Inglaterra, Paul Dirac seguía con interés los avances en mecánica cuántica y desarrolló su propia formulación, una notación con una forma de álgebra semejante a la mecánica matricial o de matrices de Heisenberg. También en ella se obtenía como relación mecánico-cuántica fundamental, la fórmula:

$$p\,q - q\,p = h / 2\pi i$$

El físico austriaco Erwin Schrödinger, por su parte, desarrolló la mecánica ondulatoria. Esta es una extensión de las ideas de De Broglie sobre las ondas de materia, o sea, las posibles órbitas ondulatorias del electrón. Recordamos que la condición de De Broglie era que solo un número limitado de órbitas eran posibles: aquellas que contuvieran un número entero de longitudes de onda. Schrödinger pensó que esto, a su vez, conduciría a los valores cuantizados de la energía para concordar con la fórmula de Planck. Con eso en mente dedujo la forma que debería tener la ecuación de onda que describe al electrón.

La fórmula de la energía cinética es: $E = \frac{1}{2} m v^2$. Si multiplicamos el numerador y el denominador por m, la fórmula puede escribirse así:

$$E = \tfrac{1}{2} m v^2 . (m / m) = m^2 v^2 / 2 m = p^2 / 2 m$$

Es corriente en física llamar a la ecuación de la energía "Hamiltoniano", y denotarlo por H. De modo que podemos poner:

$$H = (p^2 / 2m) + V$$

donde "V" es la energía potencial.

En física clásica H y p, pueden tomar cualquier valor. En física cuántica no. Ahora hay que determinar cómo hay que modificar p para cumplir con la condición de De Broglie. Recordamos que De Broglie estableció una relación entre longitud de onda, constante de Planck y momento lineal:

$$\lambda = h / m v = h / p, \text{ y } p = h / \lambda$$

De modo que el momento lineal p solo podrá tomar los valores permitidos por la condición de De Broglie, y en consecuencia la energía también tomará solo determinados valores: Esto ya nos permite ir comprendiendo la razón para la cuantización de la energía. Se trata de lo que los físicos y matemáticos llaman una "condición de contorno o de frontera". En este caso se trata del hecho de que una onda confinada en una región limitada del espacio, no puede vibrar u oscilar en cualquier modo, sino solo en aquellos que permitan encajar un número entero de longitudes de onda en el espacio en el que la onda está confinada; como vimos, cualquier otro modo haría que la onda se anulase por interferencia destructiva; lo mismo ocurre, por ejemplo con las vibraciones posibles de, digamos una cuerda de violín, ya que la cuerda está confinada en una región del espacio, al estar unidos al violín sus dos extremos.

En el estudio del movimiento ondulatorio, se llama número de onda k al número de longitudes de onda que caben en la longitud 2 π de una circunferencia, de modo que se tenga que:

$$k \lambda = 2 \pi \,;\; k = 2 \pi / \lambda$$

Ahora relacionemos esto con la condición de De Broglie:

$\lambda = h / p$; como $k = 2 \pi / \lambda$, podemos poner $k = (2 \pi / 1) : (h / p) = 2 \pi p / h$

y despejando de aquí el momento p tenemos:

$$k = 2 \pi p / h;\; h k / 2 \pi = p$$

Abreviamos $h / 2\pi$, con el símbolo $\hbar$ (h, barra), y tenemos entonces que :

$$p = \hbar k$$

Ahora podemos usar esa expresión de p en la fórmula de la energía:

$$\hat{H} = (\hat{p} / 2 \text{ m}) + V = (\hbar k^2 / 2m) + V$$

Se coloca un acento circunflejo sobre H y p, para indicar que hemos "cuantizado" la fórmula clásica para la energía , o sea el Hamiltoniano; es decir la hemos modificado en la medida necesaria para que se cumpla la condición de De Broglie, y se obtengan a partir de ella los valores de energía permitidos por la teoría cuántica. Para ello, como se puede ver, hemos impuesto la condición de que el momento lineal p obedezca la fórmula obtenida por De Broglie: $\lambda = h / p$; Se llama entonces a esas expresiones para la Energía y el Momento, operadores cuánticos; En teoría cuántica cada magnitud que se puede observar o medir se asocia con un "operador". Como veremos después toda medición altera la función de onda, pues interacciona con ella originando cambios que no se pueden evitar.: Así, por ejemplo, la medición de $\hat{p}$, opera sobre la función de onda y la altera. La medición implica aplicar el "operador momento" a la función de onda. Una vez que se conoce la forma que debe tener dicho operador en la teoría cuántica, se puede construir con él la ecuación de onda.

En física clásica, la amplitud de una onda ε (x), se relaciona con el número de onda k por la ecuación diferencial:

$$(d^2 \varepsilon / dx^2) + k^2 \varepsilon = 0$$

Como en la teoría cuántica "$p = \hbar k$", y por tanto "$k = p / \hbar$" la ecuación sería:

$$(d^2 \Psi / dx^2) + (\hat{p}^2 / \hbar^2) \Psi = 0$$

y como $\hat{p}^2 = 2 \text{ m } (\hat{H} - V)$, sustituyendo obtenemos:

$$(d^2 \Psi / dx^2) + (2m / \hbar^2) \hat{H} \Psi = 0$$

que, pasando términos de un miembro a otro, se puede escribir en la forma:

$$\hat{H} \Psi = - (\hbar^2 / 2 \text{ m}) (d^2 \Psi / dx^2) + V$$

Así obtuvo una ecuación de onda que daba los valores correctos para la energía del electrón.

Schrödinger consideraba el electrón como una onda estacionaria alrededor del núcleo atómico, solo a distancias determinadas para permitir ondas estables de De Broglie.

Sin embargo, si el electrón era una onda ¿cómo explicar que apareciese como un punto localizado en la pantalla detectora, como si se tratase de una partícula?. Ahora el electrón presentaba las mismas características paradójicas que la luz: Había que considerarla como una onda electromagnética para explicar los fenómenos de interferencia y sin embargo parecía tener características de partícula localizada (fotón) al explicar el efecto fotoeléctrico. Además se descubrió que el electrón daba lugar efectivamente a fenómenos de difracción, como si de una onda se tratase. ¿Cómo explicar esta dualidad onda-partícula en la luz y en la materia?.

El principio de indeterminación y las ondas de probabilidad

Las diferentes formulaciones de la mecánica cuántica arrojaban los mismos resultados correctos sobre los valores de la energía del átomo. Sin embargo, sus diferencias conceptuales eran patentes. Dirac demostró que la mecánica matricial y la mecánica ondulatoria eran matemáticamente equivalentes (Las soluciones que satisfacen la ecuación de onda de Schrödinger equivalen a los números tabulados en las matrices de Heisenberg). Como resultado de esto, es posible, como se suele hacer hoy, explicar la mecánica cuántica con resultados tomados de los dos esquemas.

Después de quedar establecida la mecánica cuántica, Heisenberg pensó en el significado físico que podría tener la relación mecano-cuántica fundamental:

$$p \, q - q \, p = h / 2\pi i$$

Imaginó un experimento mental en el que se preparase un dispositivo para medir la posición , la coordenada del electrón. Para poder "ver" donde está habría que iluminarlo, pero entonces el impacto del fotón de luz alteraría su velocidad o momento. Si intentáramos entonces reducir lo más posible el efecto del impacto podríamos iluminarlo con un fotón menos energético, de frecuencia menor. Pero eso significaría luz de mayor longitud de onda, y la posición no quedaría muy bien determinada. En cambio conoceríamos mejor su momento, porque la velocidad no resultaría tan alterada. De modo que no podemos conocer "al mismo tiempo" el valor exacto de ambas variables, con una precisión arbitraria. La medición de una altera el valor de la otra. Por este motivo, el orden en que se efectúan las mediciones altera el valor del resultado, y p.q no puede ser igual a q.p. Sin embargo es fácil comprender que esto no es simplemente una limitación experimental, que pudiera ser resuelta de alguna manera, sino una auténtica norma de funcionamiento o ley de la naturaleza. Sería más exacto decir que el electrón (y por extensión cualquier partícula), no tiene al mismo tiempo posición y momento, son magnitudes observables que no existen al mismo tiempo, no se manifiestan en el mundo de nuestras experiencias. Es oportuno señalar, a este respecto, que el principio de indeterminación fue descubierto después de establecer las leyes de la mecánica cuántica, leyes de la naturaleza que se remontan a la explicación de la radiación de cuerpo negro, la posterior explicación del efecto fotoeléctrico, y todo lo demás que hemos visto.

Esta indeterminación inherente al comportamiento del mundo físico, impone, como es lógico, limitaciones a lo que podemos decir sobre él. Por ejemplo, ya no podemos decir con certeza: "el electrón está aquí y se mueve a esta velocidad". Solo podremos afirmar que existe cierta probabilidad de que el electrón impacte en un punto de la pantalla detectora. Solo cuando lo haga sabremos la posición del electrón. Habremos efectuado, por decirlo así, una medida que alterará su momento. Antes de eso la posición del electrón estará tan indeterminada que solo podremos decir que podríamos encontrarlo en una región extendida del espacio, como si de una onda se tratase.

Max Born propuso que la intensidad de la onda en cada punto nos indica cuanta probabilidad hay de encontrarlo allí. Donde la onda es más intensa hay más probabilidad de encontrarlo.

En la nueva teoría cuántica, el electrón deja de ser considerado como partícula o como onda. Más bien es como un conjunto de valores de ciertas variables que resultan de nuestras posibilidades de medición o percepción. El electrón ya no se considera como una pequeña esfera. Según los físicos, una "partícula elemental" no es una "cosa" en su sentido habitual. Es más bien un "conjunto de relaciones", una manifestación de energía que según la manera en que nos relacionemos con ella, al medir o percibir, puede presentar determinados valores de variables a las que llamamos "masa", "carga", "espín" (giro), etc.

Las fórmulas de la teoría cuántica determinan el "conjunto de relaciones" posibles que se pueden dar en el mundo físico.

Como en la nueva teoría cuántica el electrón no es considerado como una pequeña esfera, carece de sentido atribuir el desdoblamiento de sus niveles de energía, cuando se aplica un campo magnético, a un giro alrededor de un eje. No obstante se sigue manteniendo el nombre de espín (giro, en inglés) para esta propiedad del electrón, y para concordar con los hechos se incluye automáticamente como una variable más del electrón. Al conjunto de valores que pueden tener las variables que identifican al electrón se le denomina "función de onda", e incluye la función de onda de coordenadas y los posibles valores energéticos debidos al espín, formando un objeto matemático al que se denomina "espinor".

La mecánica cuántica se ha conseguido fusionar con la relatividad especial en lo que se conoce como "electrodinámica cuántica". En el espacio cuatridimensional de la relatividad son posibles más "giros" o "transformaciones" que en el tridimensional.

Esto da lugar a más niveles de energía; concretamente aparecen los valores que se necesitan para incluir el desdoblamiento de niveles de energía debido al espín del electrón. El "espín" del electrón aparece así automáticamente en la teoría cuántica relativista. Otra consecuencia de esa ampliación de la "geometría" es la predicción de la antipartícula del electrón (el positrón, o electrón positivo). Las antipartículas han sido detectadas posteriormente y forman la antimateria. Si se junta materia con antimateria ambas desaparecen y se convierten en energía pura (fotones).

Además esta descripción unificada de las interacciones entre electrones y fotones, teniendo en cuenta tanto la relatividad especial como la teoría cuántica, hace necesario un cambio de signo clave, que conduce a que los electrones cumplan el "principio de exclusión", que Pauli había introducido para explicar la Tabla periódica; en la fórmula relativista que relaciona la energía con el momento, la energía aparece elevada al cuadrado, de modo que al efectuar la raíz cuadrada da dos valores posibles, uno positivo y otro negativo; pero en la teoría cuántica hay que incluir en la "función de onda" todas las maneras en que puede ocurrir un proceso, de modo que se incluyen todas las permutaciones entre partículas, permitiendo la teoría , que al hacer los intercambios el signo cambie o permanezca igual; en el caso de partículas de espín semientero, como el electrón, hay cambio de signo y eso garantiza que la energía sea siempre positiva, y también que en la "función de onda" no pueda haber dos electrones con los mismos números cuánticos, o sea, en el mismo estado energético, cumpliéndose así el principio de exclusión.

De modo que aspectos como el espín y el principio de exclusión, que se introdujeron fundamentalmente para concordar con la evidencia experimental, de alguna manera parecen surgir como consecuencia de que las leyes relativistas y cuánticas deben ir juntas.

El concepto de "campo cuántico"

La teoría de la relatividad, como ya vimos, es una consecuencia lógica de la teoría del campo electromagnético. Al fusionarla con la teoría cuántica hace que esta adopte la forma de una teoría de campos, pero con las restricciones que imponen los principios cuánticos. De modo que se habla de "campos cuánticos". Cada campo lleva asociado un cuanto. Por ejemplo, el fotón es el cuanto del campo electromagnético; el electrón es el cuanto del campo de materia del electrón, y así para todas las demás partículas. La estructura de cada campo viene determinada por la estructura matemática que lo describe, llamada "espinor". Cuando hablamos de "partícula" o de "campo cuántico", no podemos separar los dos conceptos, sino que están íntimamente unidos en el conjunto matemático denominado "espinor", que contiene los datos necesarios para calcular las probabilidades de hallar los valores de las diferentes variables o manifestaciones energéticas de cada "partícula cuántica".

Las fuerzas nucleares

El peso atómico de muchos elementos no se podía explicar solo con el número de protones que había en el núcleo de sus átomos. Por lo tanto se dedujo que debería existir en el núcleo una partícula que no contribuye a la carga eléctrica, pero sí contribuye al peso. Se la llamó "neutrón" (por ser eléctricamente neutra).

En los núcleos con más de un protón (todos excepto el hidrógeno), la repulsión eléctrica debería hacer que las cargas del mismo signo se separasen con una fuerza considerable. ¿Cómo pues pueden permanecer unidos en el núcleo los protones cargados positivamente?. Eso prueba que debe existir una nueva fuerza, además de las que hemos considerado hasta ahora (gravedad y electromagnetismo). Esa fuerza debe ser mucho más intensa que la fuerza eléctrica y actuar entre protones y neutrones. Sin embargo su alcance debe ser muy corto (de las dimensiones del núcleo atómico), de modo que cuando dos protones se separan más allá de su alcance, predomina la repulsión eléctrica. El neutrón, que participa en la interacción fuerte, pero es eléctricamente neutro, sin duda contribuye a la estabilidad del núcleo. Pero en los elementos más pesados, los núcleos contienen muchos protones. La distancia entre algunos de ellos rebasa el alcance de la fuerza nuclear fuerte, y la repulsión eléctrica gana; el núcleo por lo tanto emite partículas al exterior. Esa es parte de la explicación de que los elementos más pesados de la tabla periódica sean radiactivos, y de que el número de elementos posibles con núcleos estables esté limitado (eso explica el número de elementos de la tabla periódica).

Se descubrió además que para explicar un tipo de desintegración radiactiva (la desintegración beta), había que apelar a otro tipo de fuerza nuclear. A la interacción entre "partículas" debida a esta otra fuerza se le llama "interacción débil". Hay pues cuatro fuerzas conocidas en el Universo: gravedad, electromagnetismo, nuclear fuerte y nuclear débil.

Física de partículas

Los experimentos a mayores energías que se hacían en grandes aceleradores de partículas, hicieron aparecer una gran cantidad de nuevas "partículas". Como se había hecho con los elementos de la tabla periódica, estas se fueron clasificando según sus propiedades, y así, como ocurrió con la tabla periódica, se fue descubriendo un orden subyacente fundamental, que tal vez podría explicar las propiedades de todas las partículas conocidas. Los protones, neutrones y otras partículas pesadas, por ejemplo, se podían considerar como diferentes combinaciones de unas entidades más fundamentales llamadas "quarks" (El nombre lo tomó el físico Murray Gell-Mann de una novela de James Joyce, "Finnegan´s wake", en la que el escritor hace juegos de palabras; en un lugar de esta obra aparece la expresión: "three quarks for muster Mark!"). Los quarks no se pueden observar por separado porque están fuertemente unidos por unos campos cuánticos cuyos cuantos se denominan gluones (del inglés "glue": pegamento o cola).

La unificación de las fuerzas

La unificación que supuso la teoría de Maxwell del campo electromagnético, es un ejemplo de la importancia de los principios de simetría en física. Supongamos que solo conociéramos la existencia del campo eléctrico. Podemos imaginar una distribución de cargas eléctricas en un determinado lugar. Entre ellas existirán fuerzas debidas al campo eléctrico. Podemos describir numéricamente la intensidad de esas fuerzas entre los diferentes puntos donde se encuentran las cargas. Ahora supongamos que incrementamos el potencial eléctrico en la misma cantidad en todos los puntos, añadiendo más cargas en cada punto, la misma cantidad de ellas. La intensidad de la fuerza, entre los diferentes puntos, será la misma, puesto que dicha intensidad se debe, no al potencial en sí mismo, sino a la diferencia de potencial entre los diferentes puntos cargados. Podemos decir que la intensidad de la fuerza eléctrica es invariante ante cambios globales del potencial eléctrico. Pero ¿qué ocurre si en vez de un cambio global del potencial eléctrico, hacemos un cambio local, es decir, cambiamos el potencial solo en algunos puntos pero no en otros?; si solo existiera el campo eléctrico la invariancia no se mantendría: Pero, según la teoría de Maxwell, los cambios locales del potencial equivalen a mover las cargas de unos puntos a otros; para hacer cambios locales de potencial, tenemos que mover las cargas, y al hacerlo se genera un campo magnético, de manera que la disminución del potencial eléctrico en un lugar, es compensada por el aumento del potencial magnético, de manera que las ecuaciones de Maxwell se mantienen invariantes, aún bajo cambios locales del potencial. A esta invariancia se le llama "invariancia de calibrado", o "invariancia de contraste" (porque "contrastar" tiene el mismo sentido que "calibrar" o "medir": para medir algo lo comparamos o contrastamos con la "unidad de medida" que usemos; a veces se usa simplemente el término inglés sin traducir "gauge", que aplicaba a cierto instrumento de calibración); el campo magnético actúa así como un "campo compensador"; si pensamos en un sistema de cargas eléctricas en movimiento, el sistema contiene también, en todo momento, las correspondientes variaciones de potencial magnético generadas por el movimiento de las cargas; debido a eso, aunque los potenciales estén cambiando en cada punto, la suma total (potencial eléctrico + potencial magnético, del sistema entero, permanece constante); es parecido a lo que vimos que ocurre en mecánica entre energía cinética y energía potencial. Los físicos dicen que la existencia del campo electromagnético, unificado por su íntima relación expresada en las ecuaciones de Maxwell, es la manera que tiene la naturaleza de mantener una determinada simetría.

Tal vez el origen de los demás campos también se deba a la necesidad de mantener ciertas simetrías. Esta pudiera ser una clave importante; si investigamos las leyes de conservación, las invariancias y las simetrías que se cumplen en el mundo de las partículas subatómicas, tal vez se puedan describir todas con una sola teoría unificada. Las simetrías se estudian con ayuda de una rama de las matemáticas conocida como teoría de grupos. La teoría de quarks fue un avance importante para entender la interacción fuerte. Todas las posibles combinaciones e interacciones de la teoría se describen por medio del grupo denominado SU (3), grupo especial de matrices unitarias unimodulares 3 x 3; el grupo determina todos los intercambios, transformaciones y simetrías que se dan en la interacción fuerte. Para hacernos una idea, retornemos al ejemplo más sencillo del electromagnetismo cuántico, donde interaccionan dos tipos de "partículas" o "campos cuánticos", el electrón y el fotón. La transición de un estado energético a otro, del electrón, se realiza mediante la absorción o emisión de un fotón de frecuencia determinada.

La interacción fuerte funciona de manera semejante, aunque algo más complicada; en electrodinámica cuántica solo intervienen dos campos, electrón y fotón. En cromodinámica cuántica (que es como se llama la teoría que describe la interacción fuerte), intervienen unas cuantas variedades de quarks y gluones, por lo que son posibles más intercambios y más interacciones.

El designar a los quarks por colores es solo una forma de diferenciarlos y de ahí viene la expresión cromodinámica cuántica. No significa que los quarks tengan realmente color.

Vemos que unas partículas se transforman en otras, emitiendo o absorbiendo el intermediario adecuado. Aunque cambian las identidades de las partículas, la suma total de energía, carga y otras propiedades que se conservan, permanece constante, de acuerdo con las correspondientes leyes de conservación; se podría considerar que hay solo una gran superpartícula que es "girada" o "rotada" a diferentes estados, por medio de hacer las transformaciones necesarias, aplicando las matrices adecuadas y sus correspondientes operaciones matemáticas; como ocurría con el campo electromagnético, los cambios de valores en un lugar, se compensan con cambios correspondientes en otros. Se podría considerar que todas las partículas conocidas son diferentes manifestaciones de una misma entidad, cuyas características (como carga, masa, espín y otras) pueden tomar diferentes valores. A su vez se han formulado teorías que intentan unir en un solo esquema las interacciones fuerte y electrodébil. A estas teorías se las llama GUT (teorías de gran unificación).

Unificación electrodébil

La parte de esta teoría que unifica la interacción débil y el electromagnetismo, ya ha sido confirmada por el experimento, al hallarse las partículas mediadoras predichas.

Cromodinámica cuántica

Está representada por el grupo SU (3), grupo especial de matrices unitarias unimodulares 3 x 3; Se considera la teoría correcta de las interacciones fuertes. Al incluir todas las combinaciones posibles de quarks, la teoría predijo nuevas partículas que fueron halladas.

Las GUT y el modelo estándar

Algunas teorías de gran unificación, o GUT que se propusieron en el pasado no han obtenido confirmación experimental; los físicos describen las fuerzas fuerte, débil y electromagnética, con el llamado "modelo estándar", que es simplemente el producto de los tres grupos SU (3) x SU (2) x U (1); las matrices del primero nos dan los elementos que explican la interacción fuerte, el otro la débil y el otro la electromagnética; los elementos del grupo producto de dos grupos son simplemente parejas de elementos, uno de cada grupo; así el producto de grupos del modelo estándar nos da las diferentes partículas y campos mediadores de la interacción fuerte, y por cada uno de ellos, las parejas que forman con el grupo de la interacción débil, y por cada una, las posibles asociaciones con los elementos del grupo que define el electromagnetismo.

Gravedad cuántica, supersimetría, supergravedad y supercuerdas

Ya hemos visto que la gravedad fue probablemente la primera fuerza que se estudió matemáticamente. Hubo un tiempo pues en qué parecía la mejor comprendida. Sin embargo, con el desarrollo de le teoría cuántica, los físicos consiguieron describir con exactitud las otras tres fuerzas (electromagnetismo, nuclear fuerte y nuclear débil). Pero, curiosamente, los intentos por incluir la gravedad en una sola descripción unificada con las otras fuerzas, han presentado mucha dificultad, y el asunto no se considera resuelto aún. La mejor teoría que tenemos sobre la gravedad se ha resistido tenazmente a fusionarse con la teoría cuántica. Dicho de otra manera, todo intento de cuantizar la gravedad conducía a absurdos matemáticos, como la aparición de cantidades infinitas y cosas así. Encontrar la teoría correcta de la gravedad cuántica se ha convertido en uno de los mayores retos de la física moderna.

En lo que se conoce como "Gravedad cuántica canónica", se descubrió pronto que esto resultaba difícil, debido a las importantes diferencias que hay entre las matemáticas de la relatividad general y la mecánica cuántica; la gravedad surge en la relatividad general, como una consecuencia de la curvatura del espacio-tiempo; en mecánica cuántica, por otro lado, las partículas y las fuerzas se rigen por la ecuación de Schrödinger; hay una ecuación de Schrödinger independiente del tiempo para "ondas estacionarias", pero hay otra dependiente del tiempo, para la evolución de las partículas libres, no confinadas en el interior del átomo. Uno de los problemas principales, conocido como "el problema del tiempo", tiene que ver con la manera tan diferente en que se comporta el "tiempo" en estas dos teorías: La ecuación de Schrödinger dependiente del tiempo, necesita, para definir cómo evolucionan las partículas (ondas) a lo largo del tiempo, incluir la derivación con respecto al tiempo (d/ dt), pero aquí el tiempo t, es el mismo que se utiliza en la mecánica clásica. En cambio en la relatividad general la coordenada temporal cambia en los diferentes sistemas de referencia y el espacio-tiempo en bloque forma una variedad, que debe ser invariante ante todo tipo de deformaciones; si esto se representa gráficamente, tanto las coordenadas espaciales como la temporal aparecen curvadas y retorcidas de cualquier manera posible, y según el requisito de covariancia general todas las “formas” posibles de la estructura deben considerarse igualmente válidas. De modo que la expresión simple de derivación con respecto al tiempo (d / dt), no se puede incluir ahí; una de las primeras estrategias para afrontar este problema fue dividir el espacio-tiempo en diferentes “hojas”, como si “cortáramos” el bloque espacio-temporal en rebanadas. El espacio-tiempo de la Relatividad General se construye apilando todas esas hojas; cada hoja contiene, por decirlo así, todos los sucesos que son simultáneos en un instante de tiempo; entonces en la fórmula de la métrica, la coordenada temporal se sustituye por dos funciones, la función “lapso” y la función “desplazamiento”; el lapso indica el cambio de la coordenada temporal cuando se pasa de una hoja a otra, y el desplazamiento indica la relación espacial entre los puntos de una hoja y otra; en este enfoque cada hoja es estática; los sucesos físicos que contiene están “congelados en el tiempo”; el flujo del tiempo no se incluye en cada una de ellas, puesto que representan “instantes”, en los que no hay ningún cambio; se considera que el tiempo emerge en la estructura de estas hojas apiladas, debido a correlaciones entre los sucesos instantáneos de una hoja y otra; es algo parecido a observar una película filmada en celuloide, toda de una vez; veríamos los diferentes fotogramas en donde los personajes permanecen estáticos, y solo podríamos imaginar cómo se mueven, es decir como “evolucionan en el tiempo”, observando las correlaciones que hay entre las posiciones de todo lo que aparece en un fotograma, con las posiciones que aparecen en el siguiente. El “tiempo” no sería entonces algo fundamental; las “hojas estáticas intemporales” lo serían, y a partir de las correlaciones o correspondencias entre las posiciones estáticas de las cosas que hay en una hoja y otra, emergería el concepto de “tiempo” que nos es familiar; nuestra sensación del “flujo del tiempo” se generaría así, a partir de un conjunto de “posiciones estáticas”.

Se realizaron también “aproximaciones semiclásicas”, en las que el problema de cuantizar la gravedad, se estudió considerando situaciones particulares en las que se piensa que las dos teorías juegan un papel.

Stephen Hawking estudió qué ocurriría en las proximidades de un agujero negro, típico de la Relatividad general, cuando se creasen pares de partículas y antipartículas (un fenómeno típico de la teoría cuántica); descubrió que en algunos casos, en la frontera o límite del agujero negro, llamado “horizonte de sucesos”, una de las partículas del par podría caer dentro del agujero negro, mientras que la otra no; entonces el par ya no se aniquilaría, y las partículas que no cayesen en el agujero sobrevivirían; para un observador externo esto se percibiría como si el agujero negro estuviese emitiendo radiación, la llamada “radiación de Hawking”.

Roger Penrose desarrolló la idea de “construir” el espacio-tiempo de la Relatividad general, a partir de una característica fundamental de la teoría cuántica, el espín; construyendo un grafo, en el que hay puntos que tienen un valor de espín, y los diferentes puntos están unidos por líneas, formando lo que se llama una “red de espín”.

Posteriormente Abhay Asthekar encontró una manera de facilitar los cálculos con las fórmulas de la relatividad general, introduciendo en ellas “nuevas variables”; esto hizo posible que algunos físicos como Lee Smolin y Carlo Rovelli, encontraran nuevas soluciones a las ecuaciones de la relatividad general; estas soluciones parecían representar lazos que se entretejían entre sí, y se asemejaban a las redes de espín originales de Penrose; las “nuevas variables” fueron llamadas “variables de lazo”; una característica importante es que en la medida de “distancia”, no importaba para nada como se dispusiesen los lazos en el entramado, puesto que lo único que había que tener en cuenta eran las intersecciones entre los lazos; esto reflejaba de manera excelente la invariancia ante difeomorfismos de la relatividad general; y así surgió la “gravedad cuántica de bucles (o de lazos)”.

En la teoría de twistors de Penrose, los rayos de luz y los sucesos intercambian sus papeles, y los primeros se consideran más fundamentales para originar la realidad que percibimos.

Se están siguiendo otros enfoques, como “conjuntos causales”, “geometría no conmutativa”, “triangulaciones dinámicas causales” y otros.

La supergravedad fue una propuesta que se hizo, en la que partículas tan diferentes como fermiones y bosones forman parte de un único grupo de simetría; los fermiones son las partículas que constituyen la materia, como quarks y electrones; los bosones constituyen los campos, como el fotón para el campo electromagnético; la simetría que los interrelaciona se llama supersimetría.

Las investigaciones teóricas más recientes parecen indicar que, a su vez, la supergravedad es una aproximación de baja energía, a una teoría más amplia: la teoría de supercuerdas.

Supercuerdas

En 1968, los aceleradores de partículas estaban sondeando la materia para tratar de entender la fuerza nuclear. Gabrielle Veneziano descubrió, que una fórmula matemática conocida como "función beta", que había sido estudiada varios siglos antes por el matemático Leonard Euler, permitía obtener los mismos valores de los datos que se obtenían en los experimentos del acelerador de partículas del CERN; otros estudiaron la fórmula tratando de darle una interpretación física; dos físicos propusieron independientemente, que la función beta podría estar describiendo algo así como una cuerda vibrando, y que tal vez lo que hasta entonces se habían considerado partículas puntuales, se deberían considerar como pequeños segmentos unidimensionales, con una diminuta longitud, minúsculas hebras de energía que fueron llamadas "cuerdas", y varios físicos más se pusieron a estudiar y desarrollar un modelo matemático, que considerase a las partículas elementales como "cuerdas" en lugar de "puntos".

¿Posible solución al problema de los "infinitos"?

Se esperaba que la introducción de las "cuerdas" podría solucionar un problema de las teorías cuánticas de campos con partículas puntuales: de acuerdo con las leyes del electromagnetismo, la intensidad de un campo eléctrico aumenta a medida que nos acercamos a la fuente del campo; si comprimiéramos una esfera cargada hasta que su radio fuese cero, las fórmulas matemáticas muestran que la intensidad eléctrica que brotase de ella sería infinita; ya que aumenta cuando nos acercamos a la fuente, tiende a infinito cuando la distancia tiende a cero; pero el electrón y las demás partículas son tratadas como partículas puntuales; y sin embargo no tienen un valor infinito de carga ni de masa, sino un valor determinado que se mide experimentalmente; lo que se hace en la teoría cuántica de campos es poner esos valores experimentales en las fórmulas para poder hacer cálculos con ellas; se introducen "a mano", por decirlo así, sin que esos valores se deduzcan directamente de la teoría; se supone que un proceso cuántico conocido como "creación de pares", puede tener un efecto de apantallamiento sobre el electrón; como consecuencia del principio de incertidumbre, que no se da solo entre las variables "posición" y "momento", sino que se extiende a otras magnitudes, como "energía" y "tiempo", la teoría cuántica permite, y de hecho predice, que una partícula y su correspondiente antipartícula, pueden crearse y a continuación aniquilarse durante un tiempo muy breve; de acuerdo con eso, lo que consideramos el vacío, está continuamente en un estado de efervescencia, creándose y aniquilándose continuamente partículas y antipartículas, que se supone que apantallan la carga y la masa de las partículas, de tal forma que su valor llega a ser el que se mide experimentalmente; por ejemplo la carga del electrón será afectada por los pares de partículas y antíparticulas cargados que continuamente se crean a su alrededor.

Pero si las "partículas puntuales" fuesen realmente "cuerdas", su "tamaño" aunque muy diminuto, no es cero, y eso evita de manera directa el que aparezcan esos valores infinitos que hemos mencionado.

Explicación de la relación entre masa y espín

Un hallazgo experimental que podía explicarse con la teoría de cuerdas, es una relación que se halló entre la masa de las partículas y su momento angular intrínseco (espín); cuando los valores de las masas se colocan en el eje de un gráfico, y los valores de su momento angular de espín se colocan en otro eje perpendicular al primero, se ve que están relacionados; el modelo de cuerdas permitía una explicación sencilla de esto; podemos imaginar una cuerda en rápida rotación, con una frecuencia determinada, o sea rotando a un número determinado de ciclos por unidad de tiempo; la frecuencia de rotación determina su momento angular, pero también determina su energía, que según la fórmula de Einstein equivale a la masa. Así los resultados obtenidos para la relación entre el momento angular de la cuerda y su masa o energía, concordaban con los de la gráfica experimental.

La supersimetría en la teoría de cuerdas

En el modelo de cuerdas, los fermiones corresponden a cuerdas que oscilan en un sentido, y los bosones, a cuerdas que oscilan en sentido opuesto; por tanto tienen distinto signo, y eso concuerda con los requisitos de la teoría cuántica.

El principio de exclusión requiere un cambio de signo al permutar dos fermiones en una "función de onda", de modo que no puede haber dos iguales, en el mismo estado cuántico, pues la *resta* a la que da lugar ese cambio de signo reduce a cero la función de onda total, y el electrón relativista, como ya vimos, se adapta de manera natural a ese requisito, pues también se requiere un cambio de signo para garantizar que la energía sea positiva; los fermiones forman así los átomos de la Tabla periódica.

A su vez se requiere que los bosones *no cambien de signo* en la permutación, de manera que no dan lugar a una resta, sino a una *suma* en la función de onda, de modo que en vez de excluirse, tienden a agruparse en el mismo estado cuántico; eso permite que los fotones, por ejemplo, que son bosones, y son los cuantos del campo electromagnético, puedan agruparse para crear campos más intensos, y hace posible, entre otras cosas, el láser y sus aplicaciones.

Los fermiones tienen espín semientero, y esa característica aparece de manera natural cuando los principios de la relatividad especial se unen a los de la teoría cuántica; por otra parte en la teoría cuántica, las limitaciones sobre el concepto de "trayectoria" que impone el principio de incertidumbre, hace que en un sistema de partículas, las "partículas individuales" sean *indistinguibles* en un sentido profundo: si en una medición se detectan dos o más partículas en determinadas posiciones o estados, en la siguiente medición no se puede saber cuál es cuál, al no poder hacer un seguimiento de supuestas "trayectorias individuales", pues como ya vimos, no existen en teoría cuántica.

El sistema debe por tanto ser descrito por una única "función de onda", que debe incluir todas las permutaciones posibles; eso hace que un sistema compuesto por un número par de fermiones se comporte como un bosón, ya que el cambio de signo que se hace al permutar fermiones hay que hacerlo un número par de veces, lo que nos devuelve al signo original (en la primera permutación el signo cambia de positivo a negativo; al efectuarla una segunda vez vuelve a ser positivo); esto está de acuerdo con el hecho de que al sumar el espín semientero de un número par de fermiones, se obtiene un valor de espín entero, que corresponde a un bosón.

El modelo de cuerdas debe, por definición, considerar todas las formas posibles de oscilación y movimiento de las cuerdas, aunque sujetas a las condiciones matemáticas de la física cuántica y la relatividad que, hasta el momento, cuentan con una impresionante confirmación experimental.

Por tanto incluye las oscilaciones en los dos sentidos posibles, con signos opuestos, y de esa manera incorpora la supersimetría, un tipo de simetría entre fermiones y bosones, que se consideró también en las teorías de supergravedad.

La inclusión de esta simetría es la que hace que se les llame "supercuerdas"

La gravedad en la teoría de cuerdas

Otro rasgo al que conduce el incluir todos los posibles modelos de cuerda, es que hay que incluir cuerdas abiertas, con sus dos extremos separados, pero también hay que incluir cuerdas cerradas, sin extremos libres; a esa forma geométrica le corresponde un valor de espín igual a dos, según la teoría cuántica (la cuerda se convierte en su negativa si giramos un ángulo de π / 2); la cuerda cerrada de energía mínima corresponde a una "partícula" de espín 2 y "masa en reposo" igual a cero; cuando consideramos la teoría de la relatividad especial vimos que no se puede superar la velocidad de la luz, y que la masa aumenta al aumentar la velocidad; eso hace que a una "partícula" que viaje a la velocidad de la luz, como por ejemplo el “fotón”, que es el cuanto del campo electromagnético (es la propia luz), haya que asignarle un valor de “masa en reposo” nulo, lo que se puede considerar una forma de expresar que no puede estar en reposo.

El valor del espín se refleja en el número de componentes y la estructura de un “campo cuántico”, en el “espinor”, que es el objeto matemático que describe a un campo cuántico, tal como un vector en cada punto del espacio describe un campo vectorial. Los físicos ya sabían que una “partícula” o “campo cuántico” sin masa y con espín 2, podría ser considerada como el “cuanto” del campo gravitatorio en el marco de las teorías cuánticas de campos (una “forma geométrica” de “cuerda cerrada” se asemeja a una curvatura del campo gravitatorio en Relatividad General, teniendo el mismo aspecto cuando se gira un ángulo de π / 2, o espín 2). A esa hipotética “partícula” mediadora de la fuerza de gravedad, se le llama gravitón.

Por tanto se considera que la teoría de cuerdas también incluye a la gravedad necesariamente, y las ecuaciones de la Relatividad general pueden deducirse en ella.

¿Por qué requiere la teoría de cuerdas más “dimensiones”?

Sin embargo en el modelo de “cuerdas” aparecieron otros problemas; al “cuantizar” las cuerdas, los cambios matemáticos que introduce la cuantización, dan lugar a “anomalías”, haciendo que ciertas simetrías que se consideran esenciales no se conserven; la teoría tiene que estar de acuerdo con los principios fundamentales de la relatividad y la teoría cuántica, pues estas han sido confirmadas experimentalmente con mucha precisión; uno de los rasgos de la relatividad es que hay que tratar al tiempo como a las coordenadas espaciales, pues como en el caso de estas su valor cambia al pasar de un sistema de referencia a otro; en relatividad, por tanto se necesita una fórmula para expresar no solo las distancias espaciales, sino más bien las “distancias” espacio-temporales entre los diferentes sucesos.

Pero en la fórmula que se obtiene, las coordenadas espaciales tienen signo positivo, mientras que la coordenada temporal tiene signo negativo (o a la inversa, si se invierte la elección de signatura); en el cálculo vectorial normal, hace falta el valor de todas las componentes del vector, para conocer no solo su magnitud sino también su orientación en el espacio, y a partir del valor de las componentes se hacen los cálculos; por otro lado, en la teoría cuántica, en la que juegan un papel fundamental las funciones de onda, y la ecuación de Schrödinger, lo que se puede calcular, como ya vimos, es la probabilidad de hallar unos valores determinados de las diferentes variables; la matemática de la teoría cuántica requiere el uso de números complejos, pues la ecuación de ondas contiene la unidad imaginaria i, y la fase de las funciones de onda se representa por la exponencial compleja; pero una vez que se hacen los cálculos de como esas “ondas” interaccionan entre sí, el resultado final que se quiere hallar debe ser un número real, pues la probabilidad que se calcula debe ser un número real positivo, comprendido entre cero y uno, como exige el cálculo de probabilidades; para obtener eso, la función de onda resultante deber ser multiplicada por su conjugada compleja, lo que siempre da como resultado un número real.(La función conjugada compleja es la misma función con un cambio de signo; al multiplicarlas se obtiene un número real positivo, el cuadrado del módulo, que se considera el valor de la probabilidad).

Además en la teoría cuántica los valores que puede tomar la energía son discretos, múltiplos de la constante de Planck; utilizando la ecuación de Schrödinger se puede obtener una expresión matemática que permite obtener todos los valores de energía permitidos por la teoría cuántica, por medio de ir aplicando sucesivamente esa fórmula, a partir del mínimo valor permitido.

El modelo de “cuerdas”, se construye como una teoría cuántica y relativista, al igual que las teorías cuánticas de campos, de modo que debe incluir todos estos rasgos; las teorías cuánticas de campos contienen también la llamada “simetría conforme”, que es algo parecido a la invariancia ante toda deformación del espacio-tiempo de La Relatividad General (o ante difeomorfismos).

En Relatividad General la invariancia se obtiene formulándola de manera tensorial, usando componentes covariantes y contravariantes, cuyos cambios se compensan unos a otros, y así se consigue que todos los sistemas de coordenadas sean igualmente válidos y den las mismas leyes físicas (lo que se llama “covariancia general”); en la formulación tensorial de la geometría de Riemann, las desviaciones de la linealidad del espacio curvo se compensan al transformar coordenadas de un sistema a otro, mediante la llamada “derivación covariante”, que añade a las fórmulas los términos compensatorios necesarios, dependiendo de la cantidad de curvatura presente.

En el caso de la “simetría conforme” las fórmulas deben ser invariantes cuando se hace una transformación que introduce “deformaciones”, pero mantiene constantes los ángulos.

Como en la teoría cuántica no están permitidos todos los valores de energía, no se pueden incluir todos los modelos de rotación, oscilación, o vibración de la cuerda, sino solo los modos que conduzcan a los valores permitidos de energía; de modo que hay que cuantizar las fórmulas que describen el movimiento de la cuerda; para ello se sigue el mismo procedimiento de "cuantización canónica" que en el caso de partículas puntuales: en la fórmula de un oscilador clásico, que contiene la fórmula de la energía cinética sumada a la energía potencial, se sustituyen el "momento" y la "coordenada de posición", por los operadores cuánticos correspondientes, cuya forma se puede obtener aplicando a la fórmula del oscilador clásico las restricciones de De Broglie (solo un número entero de longitudes de ondas se puede incluir en una región determinada); así se obtiene la fórmula para el oscilador cuántico, que es la ecuación de Schrödinger, y a partir de ella los valores de energía permitidos.

Las expresiones matemáticas que llevan de un valor de energía a otro se llaman operadores de creación y aniquilación, pues su aplicación lleva a una partícula de un estado energético a otro; en el caso de las cuerdas se introducen operadores que juegan el mismo papel, y con ellos se obtienen los valores permitidos de energía y por tanto los posibles modos de la cuerda, de modo que estos operadores se pueden expresar matemáticamente como modos de oscilación, y por tanto como series de Fourier. (En el estudio de ondas, incluso clásicas, una onda puede ser alterada en los valores que la caracterizan, como amplitud y frecuencia, si interacciona con otra onda; y algo parecido es lo que hacen esos operadores; por tanto se comprende que sus expresiones matemáticas correspondan a osciladores, y se puedan representar por series de Fourier; Fourier desarrollo un método con el que se pueden obtener todo tipo de formas ondulatorias sumando ondas armónicas)

El tensor energía-impulso está sujeto a las restricciones cuánticas; pero además, ya que hay que incluir en él los principios de la relatividad , entre las componentes de dicho tensor, hay que incluir las componentes temporales de signo negativo, como indicamos antes; esto supone un problema para la teoría de cuerdas; al igual que en el cálculo vectorial normal, los cálculos se hacen a partir de las componentes; pero todas las componentes deberían tener signo positivo en teoría cuántica, puesto que cada componente hace una contribución a la *probabilidad* , y no puede haber contribuciones de valor negativo, pues las probabilidades tienen que estar entre cero y uno.

Para resolver la ecuación de Schrödinger para el átomo de hidrógeno, se utilizan coordenadas polares en lugar de cartesianas, y eso permite hacer el cálculo separando las tres variables: el radio y los dos desplazamientos angulares; entonces se calcula cada componente por separado y después se multiplican las tres, con lo que se obtiene el "volumen" y "forma" de la nube de probabilidad. Dicha "nube de probabilidad", es la "función de onda" resultante; está normalizada, lo que significa que cada punto de ella es un lugar posible, o un estado en el que hallar al electrón, y la suma de todos esos puntos, la integral, debe ser igual a uno, que significa "certeza absoluta" en cálculo de probabilidades, y hay una certeza absoluta de que el electrón va a estar en *algún punto* del orbital y su estado energético correspondiente; la probabilidad para cada punto se halla a partir del valor (amplitud) de la onda en ese punto, (por medio de la regla del cuadrado del módulo). Cada componente por tanto, hace una contribución a la probabilidad. Pero un número negativo no se puede considerar como una probabilidad, pues sus valores, de acuerdo con el cálculo de probabilidades deben estar entre cero y uno. Todas las contribuciones a la probabilidad deben estar entre cero y uno.

A esas componentes de signo negativo se les llama "campos fantasma"; hay que incluirlas en el tensor si se quiere que la teoría esté de acuerdo con la relatividad, pero al mismo tiempo, si se quiere que la teoría tenga sentido físico, y nos proporcione resultados finales que se puedan considerar estados físicos reales, (un "espacio de Hilbert" de estados físicos, según la terminología cuántica, o un "espacio de Fock", según la teoría cuántica relativista), si realmente es una teoría que describe el mundo que observamos, al menos entre otras cosas, debe haber algo que cancele esos "campos fantasma"; basándose en eso se incluyen en el tensor "componentes" adicionales, que actúan como "campos compensadores" y cancelan los "campos fantasma"; se incluyen también otros "campos espurios" para recuperar otras simetrías, como la "simetría conforme"; cada uno de ellos se puede considerar como un "campo escalar", ya que un campo escalar tiene una sola componente; pero también se pueden considerar como grados de libertad adicionales, y aumentar los grados de libertad se puede considerar como aumentar la dimensión del espacio; un espacio bidimensional tiene dos grados de libertad, y uno tridimensional tiene tres grados de libertad; de modo que las componentes extra se consideraron originalmente dimensiones adicionales del espacio.

Así, para dar sentido físico al aparato matemático de la teoría hay que introducir un número específico de "dimensiones extra" , que se considera que son demasiado pequeñas, formando una variedad compacta, en la que se supone que se mueven las cuerdas, de modo que la forma y propiedades geométricas de esos "espacios compactos" determinan los modelos de movimiento de las cuerdas, que a su vez determinan los valores como masa y demás variables, y las simetrías físicas se originan en las simetrías geométricas de esas variedades; se usan unas formas geométricas o espacios compactos llamados "espacios de Calabi-Yau", nombrados así por los matemáticos que los estudiaron, pero el desarrollo posterior de la teoría condujo a conclusiones adicionales; se vio que las matemáticas permitían la introducción de dimensiones extra grandes y no solo compactificadas (D-Branas), puesto que la explicación para que no las percibamos podría ser que las cuerdas abiertas estén adheridas por sus extremos a una brana, y solo las cuerdas cerradas, que transmiten la fuerza de gravedad pueden pasar de una brana a otra; se dice que eso explicaría también la debilidad de la fuerza de gravedad, en comparación con las otras fuerzas.

El "principio holográfico" en la teoría de cuerdas

Después se vio que el llamado "principio holográfico", que surgió en la investigación de la entropía del agujero negro, mostrando que la información que genera nuestro universo tridimensional, puede estar almacenada en la superficie bidimensional que lo limita, también surgía en la teoría de cuerdas; se descubrió una "dualidad", una especie de equivalencia matemática entre el llamado "espacio anti-De Sitter", que es una de las variedades espacio-temporales de las que se estudian en Relatividad general, y una teoría cuántica de campos o QFT, formulada en la frontera de dicho espacio; así puede haber cambios en la dimensionalidad también; en algunos artículos técnicos se muestra, por tanto, que las "dimensiones extra", pueden considerarse de otras maneras; pueden considerarse también como la dimensión de un "espacio interno", o un "espacio matemático" como un "espacio de configuración" (parecido a un "espacio de fases" en física clásica), que contiene todas las posibles configuraciones permitidas.

La teoría M

La Teoría M fue un desarrollo que mostró que diferentes teorías de cuerdas que se estudiaron originalmente, podían ser unificadas, pues se descubrieron en ellas "dualidades", correspondencias matemáticas que indicaban que tales teorías compartían rasgos que indicaban que eran diferentes aspectos o manifestaciones de una teoría más profunda, y se podía pasar de una teoría a otra mediante determinadas transformaciones matemáticas; la teoría no solo incluye cuerdas sino también objetos de más dimensiones.

La investigación en "gravedad cuántica" continúa, y no se considera un problema resuelto; se siguen estudiando las diferentes teorías de las que hemos hablado y otras;

Un enfoque llamado "dinámica de formas" se ha propuesto como una solución al "problema del tiempo", mencionado anteriormente, que surge al cuantizar directamente la Relatividad general en "Gravedad cuántica canónica"; en la dinámica de formas, en lugar de aplicar la "invariancia ante difeomorfismos" a todo el bloque espacio-temporal de la Relatividad general, se aplica "simetría conforme" e invariancia ante difeomorfismos, solo a las "hojas espaciales" del bloque, y se consiguen los mismos resultados que en Relatividad general, pero se evita el problema del tiempo.

La teoría cuántica y la Tabla periódica

Cuando ya la química se había desarrollado hasta el punto de identificar los elementos básicos constituyentes de todas las sustancias, cuyo número ha resultado ser de unos cien aproximadamente (la cifra es un poquito mayor, al añadir elementos radiactivos pesados), se hicieron intentos de clasificarlos según sus propiedades. Se descubrió lo que se llamó la ley de las octavas: colocando los elementos por orden de peso, empezando por los más ligeros, las propiedades químicas son muy semejantes cada ocho elementos (por ejemplo, el oro se parece al cobre, el sodio al potasio etc.). Las propiedades químicas guardan por tanto una periodicidad. Finalmente Mendeleiev confeccionó una tabla de todos los elementos conocidos en su época, y los organizó (en filas y columnas) por periodos: los elementos con propiedades químicas semejantes aparecían, unos bajo otros, en la misma columna de la tabla. Confiando en la ley de la periodicidad (o repetición de propiedades químicas semejantes), Mendeleiev dejó algunos huecos vacíos en su tabla, y supuso que correspondían a elementos aún no descubiertos, cuyas propiedades se podían predecir, ya que la tabla indicaba el periodo al que pertenecían. Con el tiempo se descubrieron dichos elementos y tenían las propiedades conjeturadas de antemano por Mendeleiev.

En aquel tiempo no se sabía lo suficiente de la estructura atómica de cada elemento, como para poder entender la razón subyacente del orden que manifiesta la tabla periódica. La teoría cuántica, descubierta en el siglo XX, ha revelado la razón de la repetición de propiedades químicas, explicando así la tabla periódica.

Los electrones se organizan en diferentes niveles energéticos, y dos electrones no pueden estar en el mismo estado. El estado de cada electrón se indica, ya incluso en la teoría cuántica antigua, por cuatro números llamados números cuánticos. El primero, llamado N, indica el número de órbita y va tomando valores consecutivamente desde 1 en adelante. El segundo número cuántico, L, es el valor del momento angular del electrón. El tercer número cuántico, M, indica el momento magnético del electrón (al ser una carga eléctrica en movimiento genera magnetismo, y por eso tiene un momento magnético), que se manifiesta al someter al átomo a un campo magnético. El valor energético en el campo magnético depende de la orientación de la órbita con respecto a dicho campo; es lo mismo que si colocásemos un imán en un campo magnético; el efecto de dicho campo dependerá de la orientación del imán. Como las reglas de la teoría cuántica requieren que el momento angular esté cuantizado, el momento magnético, que depende del momento angular y de las posibles orientaciones de la órbita en el campo magnético, también estará cuantizado.

El número de orientaciones posibles es siempre impar, pues comprende los valores positivos, y el mismo número de valores negativos, lo que totaliza un número par, pero como hay que añadir el cero, el total de orientaciones siempre es impar. Por eso se puede calcular por la fórmula 2L + 1, que representa toda la sucesión de impares (2L siempre será par, porque multiplicamos cualquier número "L" por 2, y si después le sumamos 1, obtendremos un impar); así, por cada valor de "L" habrá "2L + 1" valores de M. Ahora bien, la suma de impares consecutivos cumple también esta sencilla relación:

$1^2 = 1$

$2^2 = 1+3 = 4$

$3^2 = 1+3+5 = 9$

$4^2 = 1+3+5+7 = 16$

De modo que los resultados de ir sumando consecutivamente impares se obtienen con la sencilla fórmula N^2

Ahora hablemos del cuarto número cuántico: Al observar un desdoblamiento de las líneas espectrales emitidas por el átomo sometido a un fuerte campo magnético, se pensó que el electrón podía ser como una especie de pequeña esfera girando en torno a su propio eje, bien en la dirección de las agujas del reloj, o en sentido contrario; era un grado de libertad adicional del electrón que influía en su respuesta al campo magnético y explicaba los resultados experimentales (líneas del espectro). De modo que si N^2 nos permite saber el número de posibles combinaciones de los tres primeros números cuánticos, ahora hay que multiplicar por dos para incluir los dos posibles estados debidos al cuarto número cuántico, llamado número de espín (del inglés "spin", giro). Equipados con estas ideas podemos ir "construyendo" átomos, con la condición de que los cuatro números cuánticos de cada electrón no sean iguales, para no tener el mismo valor energético (principio de exclusión de Pauli):

N	L	M	S
1	0	0	+1/2
1	0	0	-1/2
2	0	0	+1/2
2	0	0	-1/2
2	1	+1	+1/2
2	1	+1	-1/2
2	1	-1	+1/2
2	1	-1	-1/2
2	1	0	+1/2
2	1	0	-1/2

y así sucesivamente; de modo que el número máximo de electrones en cada nivel energético N, se puede calcular por la fórmula $2n^2$:

$$2 \,.\, 1^2 = 2 \,.\, 1 = 2$$

$$2 \,.\, 2^2 = 2 \,.\, 4 = 8$$

Se pueden colocar un máximo de dos electrones en el primer nivel y ocho en el segundo, lo que explica la ley periódica de las octavas (el que cada ocho elementos se repitan las propiedades químicas), porque las propiedades químicas dependen del número de electrones de la última capa, lo que determina su afinidad química, su capacidad para combinarse con otros elementos. Conocer estas leyes gracias a la teoría cuántica permite saber cómo están organizados los electrones en el átomo de cada elemento, y entender así la razón de sus propiedades químicas. Por ejemplo, ahora se sabe que los gases nobles, tienen todos su última capa completa con ocho electrones, y esa es la razón de que sean inertes: como su última capa está completa y no admite más electrones, no se asocian con otros elementos para compartir electrones y por tanto son inactivos químicamente. A medida que se avanza en la tabla periódica, la ley de las octavas no se cumple exactamente, pero esto también ha sido explicado: A medida que aumenta el número de cargas eléctricas en el átomo, la atracción hace que algunos electrones, que deberían estar en niveles más externos, pasen a ocupar niveles más bajos.

¿Qué representa la "función de onda"?

Ahora estamos en condiciones de saber por qué aparece la fórmula: $pq - qp = 2\pi i$ (relación mecano cuántica fundamental) en la teoría matricial de Heisenberg. Multiplicamos el operador momento por la coordenada. Ahora invertimos el orden de los factores y hallamos la diferencia. Obtenemos la relación mecano cuántica fundamental. Las matrices de Heisenberg correspondientes al momento y a las coordenadas contienen en forma de tabla los posibles valores permitidos que resultan al aplicar los correspondientes operadores. La aplicación sucesiva de los dos operadores equivale a aplicar la matriz producto a la función de onda. El orden de aplicación de los operadores afecta al resultado, al igual que el orden de multiplicación de las matrices. Dar la matriz de una magnitud física en teoría cuántica equivale a dar el operador. Por decirlo así Heisenberg, basándose en los datos que salían de los espectros atómicos halló los valores que podían tomar las variables básicas colocados en forma de tabla (matriz), y Schrödinger encontró la regla que originaba esos valores, partiendo de la idea de De Broglie, de asociar una onda al electrón (cuando De Broglie lanzó la idea no se tenía muy claro si el electrón era una onda, o la onda era como un piloto que de alguna manera guiaba la trayectoria del electrón). Parece que originalmente Schrödinger quiso concebir el electrón mismo como una onda totalmente, pero esta interpretación no se pudo sostener, porque de haber sido así, la localización del electrón-onda se esparciría en una región cada vez más amplia en un tiempo breve, y esto no se podía reconciliar con el hecho observado de que el electrón es detectado como un impacto localizado en las pantallas detectoras en una región muy pequeña. La única forma de mantener la idea de las ondas y reconciliarla con el impacto localizado, es concebir el electrón como un "paquete de ondas", y no una sola onda. En la física de las ondas se pueden sumar ondas de manera que en una pequeña región del espacio se consiga algo así como una concentración máxima de intensidad, lo que habitualmente se llama un "paquete de ondas", pero para ello se requiere sumar los efectos de muchas ondas de diferentes frecuencias; cuanto más "localizado" queramos que esté un electrón construido de esa manera más ondas tenemos que sumar. Según la relación de De Broglie muchas frecuencias distintas significan muchos valores distintos del "momento", de modo que si el electrón tiene una posición muy definida no se le podrá asignar un único valor de la variable "momento lineal"; pero eso no es sino otra forma de ser conducidos directamente al principio de incertidumbre de Heisenberg. Si queremos mucha precisión en la "posición" tenemos que renunciar a precisión en el "momento". De modo que el principio de incertidumbre no se puede evitar en ninguna de las dos formulaciones, por lo que más bien parece que sale reforzado, y hay que tomarlo como una ley de la naturaleza, una auténtica norma de comportamiento del mundo en su nivel más fundamental.

Al hacer sus formulaciones Heisenberg y Dirac, en principio renunciaron a hacer una imagen del átomo; tuvieron la intuición de que quizá no se debería forjar una especie de imagen visualizable de un dominio que cae más allá de nuestro sentido de la vista. La formulación de Schrödinger, al principio pareció que iba a mostrar que las cosas se podrían explicar con el mismo tipo de ondas de la física clásica. Parece que eso fue lo que pensaron Schrödinger y otros físicos: las tablas numéricas (matrices) eran explicadas por la concepción ondulatoria; parecía que Schrödinger había resuelto el misterio y había dado una explicación intuitiva de la razón del éxito de las reglas halladas por Heisenberg. Pero la cosa no resultó tan sencilla.. Las "ondas" de Schrödinger resultaron ser en realidad un tipo muy extraño de ondas: solo se podían considerar como una onda en el espacio tridimensional, en el caso de una sola partícula; y para poder captar este concepto al final resulta que los enfoques originales de Heisenberg y Dirac son muy útiles. En realidad parece que la mejor manera de captar el significado de la teoría cuántica es considerar ambos enfoques y la relación entre ellos.

Parece que la motivación original de Schrödinger para desarrollar las ideas de De Broglie sobre las "ondas de materia", era intentar encontrar un modelo del movimiento del electrón, en el interior del átomo y fuera de él, que no supusiese una ruptura con la física clásica; sin embargo, y a pesar de sus deseos, las "ondas" descritas por su ecuación (tanto la ecuación independiente del tiempo para ondas estacionarias en el interior del átomo, como la dependiente del tiempo para el electrón libre), no resultaron ser como las ondas familiares que se propagan por el espacio tridimensional, por ejemplo las ondas sonoras, las ondas que se forman en un estanque de agua cuando algún objeto cae sobre él, y otras similares.

Schrödinger expresó su descontento diciendo que si él hubiese sabido que no nos íbamos a poder librar de esos "malditos saltos cuánticos", no hubiera querido tener nada que ver con el asunto, y usó la "metáfora" de un gato encerrado, cuya "función de onda" incluía un estado de superposición cuántica: " $\frac{1}{2}$ gato vivo + $\frac{1}{2}$ gato muerto" que se ha hecho famosa, para ilustrar lo absurdo que parecía pensar que la "función de onda", describía a un gato que está vivo y muerto a la vez, hasta que se decida abrir el recinto donde está, y se le ***observe*** en uno de los dos estados.

Desde entonces el "gato de Schrödinger" se ha usado en muchas discusiones sobre el significado de la teoría cuántica, llegando a aparecer en muchos lugares ecuaciones como esta:

$$\text{GATO} = \frac{1}{\sqrt{2}} \text{vivo - muerto}$$

hasta el punto de que Stephen Hawking y Roger Penrose, en uno de estos debates sugirieron usar otras "ilustraciones", y dejar en paz al "gato", que ya había sufrido bastante.

¿Por qué las "ondas de Schrödinger" no son como las ondas familiares que se propagan en el espacio tridimensional?

Cuando se considera el caso de una sola partícula, se podría tal vez pensar que es así, pero en el momento en que se considera un sistema de dos o más partículas, se comprende enseguida que no es posible dar ese significado a la función de onda.

Las partículas cuánticas son indistinguibles en un sentido profundo; para conocer la posición en que se hallan dos o más electrones (o cualquier otro sistema de partículas), hay que "iluminarlo", por ejemplo con luz, que consiste en fotones que interactúan con el sistema; si queremos seguir lo mejor que podamos la evolución posterior del sistema habrá que hacer una segunda observación, y después otra y otra, etc.

Pero en la segunda observación, debido a que los electrones son indistinguibles, no podemos saber cuál, de cada uno de ellos, se corresponde con los que hemos detectado en la primera observación; en el caso más simple de un sistema de solo dos electrones, es como si hiciéramos un experimento con dos "gemelos idénticos", llamémosles Pepito y Juanito; hacemos una primera observación y Pepito está en la posición 1 y Juanito en la 2; en el instante en el que pestañeamos, Pepito y Juanito son lo bastante rápidos como para moverse, uno a la posición 3 y otro a la 4, pero debido a que son "gemelos idénticos", cuando nuestras pestañas se levantan y de nuevo "observamos o vemos" no sabemos si Pepito es el que está en la posición 3 y Juanito en la 4, o si Juanito es el que está en la 3 y Pepito en la 4, de modo que nos vemos obligados a admitir que la única manera de describir el conocimiento que nos brinda la observación, es decir que las dos situaciones alternativas son igualmente probables, con $\frac{1}{2}$ de probabilidad para cada una; por supuesto en el ejemplo de "Pepito y Juanito", nos imaginamos, debido a la forma en que estamos acostumbrados a pensar en los objetos y personas del mundo macroscópico, como entidades que "están siempre ahí aunque no las observemos", que la situación descrita se podría evitar si no pestañeamos; pero en el caso de las partículas submicroscópicas es en principio imposible hacer un ***seguimiento continuo*** de ellas; no se trata de una limitación experimental sino de una ley de la naturaleza expresada en las fórmulas matemáticas del principio de incertidumbre de Heisenberg; la mecánica cuántica, tal como se entiende hasta ahora, nos dice que no es que nosotros no podamos seguir la supuesta trayectoria continua de un electrón, sino que tal "trayectoria continua" no existe; si existiera, el electrón en un átomo podría seguir tal trayectoria y precipitarse en espiral hacia el núcleo; para hacerlo tendría que ir pasando por un rango continuo de valores de energía decrecientes, pero tal rango continuo de valores no está permitido por la fórmula fundamental $E = h\nu$, que nos dice que los valores posibles para la energía están cuantizados y son múltiplos de la constante h; este hecho apareció en la fórmula que explicaba la densidad de energía que aparecía en los experimentos para la radiación de cuerpo negro, sirvió para explicar correctamente el efecto fotoeléctrico y teniéndola en cuenta, el modelo atómico de Bohr podía evitar la predicción del electromagnetismo clásico, según el cual los electrones en el modelo del átomo nuclear de Rutherford, se precipitarían contra el núcleo y el átomo colapsaría.

Por este motivo cuando la teoría cuántica describe la evolución temporal de un sistema de muchas partículas, tiene que tomar en cuenta que las partículas son indistinguibles en un sentido profundo, como un principio fundamental de la teoría que debe ser incluido en la formulación matemática; esto imbrica a las supuestas "partículas individuales" de tal manera, que hay que describir el sistema por medio de una ***única función de onda***, que incluye todas las permutaciones posibles de ellas, con una determinada probabilidad para cada posible ordenación, como se ilustra en el ejemplo de los "gemelos idénticos".

Esto nos muestra que el objeto matemático al que llamamos "función de onda" en la teoría cuántica, es algo diferente de las fórmulas que describen una onda familiar que se propaga en el espacio tridimensional, aunque guarde relación con esas otras descripciones matemáticas más sencillas.

La "función de onda" es por tanto una superposición en la que se "suman" todos los posibles estados alternativos en que podríamos hallar al sistema en la siguiente medición, y nos permite calcular la probabilidad para cada alternativa; recibe por eso también el nombre de "vector de estado"; si volvemos a pensar en el ejemplo de los "gemelos idénticos", recordamos que teníamos que describir la situación como una suma de dos posibles alternativas, y en cada una de ellas la "posición" de cada niño se especifica dando las coordenadas de posición de cada uno de ellos, (3 números para cada entidad, en uno de los posibles estados, y otros 3 números para cada entidad en el otro estado posible); un matemático nos diría que ese "objeto" ("función de onda" o "vector de estado") no está evolucionando en el espacio tridimensional, no hay bastantes "dimensiones" en él; más bien parece que tal "objeto matemático", "vive" y se "desenvuelve" en algo parecido a lo que se llama un "espacio de configuración" (una entidad matemática que contiene todas las posibles configuraciones en que se puede hallar un sistema), o un "espacio de las fases", un "espacio matemático" que contiene todas las fases de un proceso o todas las fases por las que pasa un sistema determinado.

Tales "espacios matemáticos" se usan en física clásica y se usaban ya antes del descubrimiento de la teoría cuántica; describir el movimiento de un cuerpo extenso, que tiene muchas partes, por medio del movimiento de un solo "punto", es una simplificación que se hace por conveniencia; de igual manera, para describir un sistema de muchos cuerpos, podemos invertir las cosas, y en lugar de definir el movimiento de N cuerpos, requiriendo 3 números para dar las coordenadas de posición de cada uno, podemos describir el sistema entero como un "punto" que se mueve o evoluciona en un "espacio matemático" de 3N dimensiones. Se pueden requerir más dimensiones si hay que especificar todos los grados de libertad posibles en el sistema considerado.

De manera semejante, y por las razones que hemos comentado, las "funciones de onda" o "vectores de estado" de la mecánica cuántica evolucionan en el llamado "espacio de Hilbert ∞ - dimensional", una entidad matemática que tiene estructura de "espacio vectorial", lo que significa que tiene las mismas propiedades fundamentales, desde el punto de vista matemático, que los vectores tridimensionales que nos son familiares, pero pasando del espacio tridimensional a un "espacio matemático" de infinitas dimensiones.

Además la estructura que toma la ecuación de Schrödinger incluye la unidad imaginaria "$i = \sqrt{-1}$ ", y pertenece al dominio de los números complejos; debido a esto, para calcular la "probabilidad" de un resultado determinado, hay que multiplicar la función de onda por su conjugada compleja (la misma función, pero cambiada de signo), a fin de obtener un número real positivo comprendido entre 0 y 1, como exige el cálculo de probabilidades.

El hecho mencionado antes de que las "partículas individuales" estén tan imbricadas en la "función de onda", conduce a fenómenos sumamente paradójicos del tipo EPR (nombrados así debido a que fueron expuestos por primera vez por Einstein, Podolsky y Rosen), como el "entrelazamiento": si, por ejemplo, un sistema de dos fotones está descrito por una función de onda, y esta evoluciona de tal modo que los dos fotones se separan a gran distancia, la función de onda los mantiene vinculados, de modo que si se mide alguna propiedad de uno de los fotones, automáticamente se obtiene información sobre el estado del otro, incluso aunque se haya ido al otro extremo del Universo; debido a que el experimentador puede decidir qué tipo de experimento hacer y qué medir, parece como si el fotón que se encuentra a años-luz de distancia "supiese" automáticamente la decisión que ha tomado el experimentador y su resultado, y actuase en consecuencia, de modo que si otro experimentador le midiese a él, obtendría el resultado que la función de onda del sistema requiere; acerca de las "partículas cuánticas" se puede decir que "una vez juntas, siempre juntas"; es semejante al tipo de comportamiento misterioso que se percibe en el famoso experimento de la doble rendija, donde se hace que interfieran las ondas de luz que salen de cada rendija, de modo que en la pantalla colocada enfrente aparece un patrón de franjas iluminadas alternándose con franjas oscuras, debido a la interferencia, que pone de manifiesto el carácter ondulatorio de la luz; pero cuando el experimento se realiza rebajando la intensidad luminosa a solamente "un fotón", se detecta un impacto localizado en la pantalla; si seguimos enviando un fotón tras otro, con las dos rendijas abiertas, al final el conjunto de impactos puntuales de cada fotón individual reproduce el patrón de franjas de interferencia; parece como si cada "fotón", al que imaginamos pasando por una de las dos rendijas, "supiese" si la otra rendija está abierta o cerrada, y actuase en consecuencia, impactando en cualquier punto de la pantalla si solo hay una rendija abierta, pero impactando solo en las zonas que corresponden a las franjas iluminadas, si están abiertas las dos.

¿ Qué parecen decirnos la Relatividad y la Teoría Cuántica sobre la naturaleza de la realidad?

Cuando Paul Dirac formuló una ecuación para el electrón, que tenía en cuenta los principios de la mecánica cuántica y también los de la relatividad especial, además de predecir la existencia de antipartículas, que después fueron halladas, se esclarecieron aspectos muy importantes de la mecánica cuántica, como el del "espín" del electrón y su relación con el "principio de exclusión" de Pauli.

Las investigaciones que intentan hacer lo mismo con la Relatividad General, para encontrar una teoría correcta de Gravedad cuántica, condujeron, entre otras muchas cosas, al planteamiento del llamado "principio holográfico", que surgió en el estudio de la entropía del "agujero negro", y que sugiere que la información sobre los fenómenos físicos que acontecen en un volumen tridimensional, puede estar codificada en la superficie bidimensional que le rodea, tal como un holograma realizado con láser, codifica en una placa fotográfica bidimensional, la información necesaria para "reconstruir" una imagen tridimensional.

Esta idea y otras parecen sugerir que el elemento constituyente fundamental del Universo no es otra cosa que "la información", y se habla del Universo como un gran computador cuántico que procesa información.

> El comprender cómo funciona esto podría ayudar a esclarecer muchos de los misterios de la teoría cuántica de los que hemos hablado.

El "espín" se consideró originalmente un auténtico giro del electrón en torno a su eje en dos sentidos distintos, lo que le dotaba de un momento magnético adicional, que explicaría un desdoblamiento observado de los niveles de energía en presencia de un campo magnético intenso. Pero a la luz de lo que venimos explicando el electrón se empezaba a parecer más a un conjunto de valores numéricos llamados "observables", que resultan de nuestras posibilidades de medición, que a una cosa u objeto, en el sentido habitual de la palabra; lo que en realidad se quiere decir es que lo que llamamos "electrón" no es algo así como una pequeña bolita girando en torno al núcleo atómico.

Pero la propiedad de originar dos líneas espectrales de diferente energía sigue ahí, y requiere una explicación. En el espíritu del planteamiento algebraico abstracto, el que está más en la línea de Heisenberg y Dirac, empezaremos simplemente admitiendo que el electrón tiene un momento angular intrínseco y lo incluiremos en las ecuaciones de la teoría. Para ser consistentes usaremos una fórmula similar a la que se usa en teoría cuántica para el momento angular orbital (2L + 1); para el "espín" (mantenemos el nombre) pondremos (2S + 1); recordamos que esa fórmula sirve para calcular el número de posibles orientaciones según el valor de L. En el caso del espín del electrón, la experiencia dice que solo hay dos posibilidades, por lo que el valor obligado que tenemos que asignar a S es ½, y las dos orientaciones posibles son +1/2 y -1/2, medido en las unidades en que se mide el momento angular en teoría cuántica: $h/2\pi$. Como a toda cantidad susceptible de medición en teoría cuántica, le asignamos un operador, el operador de espín; cuando este operador actúa genera los dos posibles valores del espín; el operador se puede expresar también como una matriz.

Las llamadas “matrices de espín” de Pauli se aplican a la función de onda de coordenadas. Cuando incluimos el espín, la función de onda de coordenadas por lo tanto se desdobla en dos (por cada estado posible de coordenadas hay dos posibles estados de espín). La función de onda total consta pues de dos componentes

A ese objeto matemático se le llama espinor; ahora podemos entender que el valor de espín se refleja en el número de componentes y estructura del espinor. Como se verá, en la teoría aparecen otras “particulas” con otros valores de espín como 1 y 2 y 3/2, y los espinores que las representan lógicamente varían en el número de componentes, y en su comportamiento frente a las rotaciones. Una partícula de espín ½ volverá a su estado original después de dos vueltas de 360º; una de espín 1 lo hará en una sola vuelta y una de espín 2, volverá a tener el mismo aspecto después de solo media vuelta. Esa estructura del campo cuántico influye decisivamente en su comportamiento.

La naturaleza matemática de la teoría cuántica, y la necesidad de usar el cálculo de probabilidades, se pone de manifiesto aún más cuando consideramos sistemas de dos o más “partículas”. Consideremos el siguiente experimento: tenemos dos dispositivos que pueden lanzar electrones individuales, y a cierta distancia tenemos dos aparatos detectores; imaginemos que tenemos dos fuentes o emisores, cada uno de los cuales emite una partícula (por ejemplo un electrón), y a cierta distancia colocamos dos detectores. Después de ser emitidos cada electrón entra en uno de los detectores; pueden ocurrir dos cosas: o bien el electrón del emisor 1 entra en el detector 1 y el del emisor 2 en el detector 2, o bien el electrón del emisor 1 entra en el detector 2 y el del emisor 2 entra en el detector 1. El problema es que los dos electrones son idénticos, con las mismas propiedades. Todos los electrones del Universo tienen la misma masa y la misma carga; son totalmente indistinguibles, de modo que no hay manera de saber qué electrón ha ido a cada detector. De hecho no importa, porque el resultado físico será el mismo, aunque puede ocurrir de dos maneras distintas. Sin embargo este hecho debe tenerse en cuenta al calcular la probabilidad. La probabilidad de que detectemos un electrón en cada detector será una combinación de la probabilidad de cada una de las maneras en que puede ocurrir el proceso. Tal como la función de onda de una sola partícula, permite calcular la probabilidad de encontrar la partícula en determinado lugar, a la expresión matemática que permite calcular la probabilidad de detectar dos partículas, se le llama también "función de onda" del sistema de dos partículas. Estas ideas a su vez se pueden generalizar a sistemas con más partículas. . Un proceso puede ocurrir de dos maneras distintas, totalmente indistinguibles. En un verdadero cálculo de probabilidades hay que incluir en el cálculo del resultado final todas las posibilidades. Para que se cumpla el principio de exclusión de Pauli, al que obedecen partículas como los electrones (pues de otra manera no sería posible explicar la tabla periódica, como ya dijimos), el proceso intercambiado tiene que alterar el signo. Por el contrario otro tipo de "partículas" como los fotones no obedecen este principio: los fotones no forman átomos escalonándose en diferentes niveles de energía, como hacen los electrones; más bien forman ondas y campos electromagnéticos, y en una región donde la onda es más intensa decimos que se han concentrado un mayor número de fotones (cuantos de energía electromagnética) individuales. Para que pueda haber "partículas" (funciones de onda), que no se anulen al fundirse en una, las funciones de onda individuales se deben sumar; solo así se logra que no se anule la función resultante, aunque haya dos "partículas" con los mismos números cuánticos. Y lo contrario también es cierto en el caso de los electrones: para que se cumpla el principio de exclusión, las funciones de onda individuales de dos "partículas" se deben restar, porque es la única manera de que se anule la función de onda resultante cuando hay dos "partículas" con los mismos números cuánticos, lo que indica que la probabilidad de tales estados para un sistema de electrones es cero, o sea no puede existir; en un sistema de dos o más electrones todos tienen que estar en diferentes estados de energía (números cuánticos distintos), para que se cumpla el principio de exclusión y el arreglo estructural necesario para explicar la tabla periódica sea posible. Como vemos que en la naturaleza se dan las dos situaciones, ya que existen átomos de materia y también campos y ondas electromagnéticos (además de otros), la teoría cuántica debe incluir las dos posibilidades. El proceso intercambiado se puede considerar geométricamente como un "giro" del sistema de coordenadas, que puede cambiar el signo de la función de onda o dejarlo invariable; podemos decir que al hacer el intercambio la onda resulta multiplicada por un factor de fase constante; La probabilidad no resulta afectada, porque se calcula a partir de la amplitud y no de la fase. El único requisito que se exige al factor de fase es que la "onda" vuelva a su estado original si se hace otra vez el intercambio. Eso reduce las posibilidades para el valor del factor de fase a + 1 y - 1

Llegamos a entender también como a partir de estas leyes tan fundamentales de la física subatómica emergen los dos conceptos que nos son tan familiares en la física clásica, en nuestra concepción del mundo cotidiano que experimentamos, el concepto de "partícula" y el de "onda". En este sentido se podría considerar la teoría cuántica como un avance más en nuestro entendimiento de lo que es el "mundo", tal como se dijo de la teoría de la relatividad. Las dos nos permiten entender mejor como surgen en nuestra mente los conceptos de "espacio", "tiempo", "materia", "campo", "posición", "trayectoria", "partícula", "onda", las ideas que conforman nuestra concepción esencial del mundo.

Interpretaciones de la teoría cuántica

Desde un principio se propusieron interpretaciones de la mecánica cuántica; ya hemos visto que Luis De Broglie sugirió que el electrón era una partícula real, cuyo movimiento era dirigido de alguna manera por una onda (teoría de la onda piloto); Einstein propuso que la incertidumbre cuántica tal vez solo lo era al nivel que se había llegado a estudiar, pero que a un nivel más profundo podían existir variables no descubiertas o variables ocultas, que regían el comportamiento de las partículas atómicas de una manera completamente determinista; Bohr, por el contrario defendía que no había que buscar más, había que considerar el mundo atómico como distinto al mundo de la física clásica; como argumentaba Heisenberg, carecía de sentido intentar visualizar ese nivel de realidad, porque pudiera no ser visualizable, al ser más bien el conjunto de leyes y reglas matemáticas que da origen a nuestro nivel de realidad, nuestro mundo clásico perceptible; antes de hacer una medida con algún aparato detector, para conocer la posición de un electrón, este tenía que ser descrito por la función de onda, como una onda extendiéndose, pero una vez que el electrón era detectado en un lugar específico, había que considerar que la "onda desaparecía", pues nunca se la consideró una onda real, sino solo un instrumento de cálculo, un indicador de nuestro desconocimiento de la posición del electrón, que desaparecía en el momento en que dicha posición era detectada y por tanto conocida (de hecho se consideraba que la "posición del electrón" no existía, pues no se manifestaba en nuestro mundo de percepciones, hasta que era medida); esto se conoce como "colapso de la función de onda" (colapso que se produce en el momento de la medida), y a esta interpretación se la llamó "la interpretación de Copenhague", por el físico Niels Bohr. Predominó durante décadas y aún sigue siendo una de las interpretaciones que se consideran; pero desde un principio no satisfizo a todos, y hubo físicos que siguieron investigando sobre otras posibles interpretaciones; en la interpretación de Copenhague, si no podemos decir que la "posición del electrón", o el "electrón en un sitio", existen hasta que no son medidas, entonces hay que entender que antes de eso, lo que existe es una superposición de posibilidades, de todos los posibles lugares en los que puede ser hallado el electrón, posibilidades englobadas en la función de onda; pero las leyes cuánticas se deben aplicar igual a sistemas con más de un electrón; por ejemplo, un sistema de dos electrones tendrá que ser descrito por una única función de onda que incluya todas las posibles configuraciones en las que se podría hallar el sistema al ser observado, y tales configuraciones deben incluir no solo sus posibles posiciones, sino también otras variables como por ejemplo los espines, y de hecho todas las características del sistema estudiado; y por lo dicho antes habría que describir igual un sistema formado por miles o millones de átomos y moléculas, hasta incluso un organismo vivo; para poner de relieve lo paradójico que es esto, Schrödinger ideó un experimento mental: en un recinto o una caja cerrada hay un gato, y un dispositivo con un elemento radiactivo que tiene cierta probabilidad de desintegrarse espontáneamente; si se desintegra, el dispositivo está preparado para que accione un martillo que golpeará y romperá un recipiente que contiene un veneno que matará al gato: aplicando las reglas cuánticas de acuerdo con la interpretación de Copenhague, el sistema entero debe ser descrito por una "función de onda" que incluya todas las posibilidades, y hasta que no destapemos la caja y observemos si el gato está vivo o muerto, la única descripción del sistema que podemos hacer, es que se encuentra en una superposición de todas las posibilidades: el gato está vivo y muerto a la vez; el hecho de que sea el acto de observación el que haga que se reduzcan todas las posibilidades que coexisten, a una sola, llevó a algunos a pensar que podría ser la mente, al hacer una observación consciente, la que causa el colapso de la función de onda; con el tiempo fue posible reducir tanto la intensidad de la luz, que el experimento de la doble rendija se podía hacer enviando un solo fotón cada vez, fotón a fotón, y se puso de relieve, no solo la validez de la teoría cuántica, sino también lo paradójica que efectivamente es; cuando las dos rendijas están abiertas un fotón impacta en un punto de la pantalla detectora y pensamos que ha pasado por una sola de las rendijas; a medida que seguimos lanzando fotones estos van impactando en lugares específicos, pero no en otros, de forma que al final se forma el característico patrón de interferencia de franjas iluminadas y oscuras alternándose; ¿significa esto que cada fotón pasa por las dos rendijas a la vez e interfiere consigo mismo?; si se colocan detectores para saber por cual rendija pasa el fotón, entonces se observa que solo pasa por una, pero entonces ya no aparece al final el patrón de interferencia; al colocar un detector en la rendija, este interacciona con el fotón y altera el resultado final; parece que la teoría cuántica tiene una fuerte naturaleza holística: cuando se monta un dispositivo para hacer un experimento determinado, todo el montaje tiene que ser descrito por una determinada función de onda, pero si añadimos o cambiamos algo ya se trata de otro experimento diferente, que habrá que describir por una función de onda distinta, y el resultado será distinto; el hecho de que, lo que consideramos diferentes partes de un sistema, estén tan imbricados en la función de onda, hace que mantengan una especie de vínculo permanente que da lugar al fenómeno conocido como entrelazamiento cuántico, que fue indicado por Einstein, Podolsky y Rosen, y que se ha confirmado experimentalmente; En general no se duda de la validez de las leyes de la teoría cuántica, confirmadas por los experimentos, aunque se sigue buscando más comprensión; hay problemas sin resolver en física y nuevos descubrimientos podrían revelar aspectos que hasta ahora se desconocen; se han propuesto interpretaciones alternativas a la interpretación de Copenhague; Hugg Everett propuso considerar la función de onda como algo real, y no solo como un artificio de cálculo; de acuerdo con esto todas las posibilidades para un sistema, contenidas en la función de onda, se realizan; cuando se hace un experimento el observador debe ser incluido en la función de onda como parte del sistema, y por tanto también se encuentra en un estado de superposición; cuando se hace una medición u observación, por ejemplo en el experimento de la doble rendija fotón a fotón, cada "fotón" efectivamente interfiere consigo mismo; está en un estado de superposición en el que está a la vez en todos los lugares y estados de su función de onda; pero también todos los elementos del dispositivo, la pantalla detectora y el observador están en un estado de superposición que contiene todas las posibilidades, y todas se realizan: hay un observador que detecta un fotón en un punto de la pantalla, y otros que lo detectan en otros puntos; todos los estados en los que podría encontrarse un observador coexisten, como si fueran observadores que perciben cosas distintas en "universos" ligeramente distintos, pero por definición, cada observador solo es consciente de sí mismo y de su montaje experimental, sus resultados, sus percepciones y su universo; es como si cada uno estuviese en una frecuencia distinta, como cuando las ondas de diferente frecuencia de telecomunicaciones pueden coexistir sin apenas afectarse unas a otras; solo en situaciones muy particulares, como en los experimentos prístinos de laboratorio se perciben fenómenos de interferencia entre universos; es la teoría de los universos paralelos de la mecánica cuántica; de acuerdo con ella, en el experimento del gato de Schrödinger, o en cualquier otro, el universo se ramifica; en una de las ramas el gato está vivo y en otra está muerto. Por extravagante que parezca muchos piensan que esta interpretación permite comprender los fenómenos cuánticos mejor que cuando se miran bajo el prisma de la interpretación de Copenhague. Además , cuando se siguen estudiando las consecuencias de tomarla en serio, va emergiendo una comprensión mayor; si seguimos adelante, en un sistema macroscópico hay que tener en cuenta también su interacción con el entorno; por ejemplo, cada uno de nosotros no existe como una entidad aislada; estamos rodeados de otros seres y otras cosas e inmersos en un entorno o ambiente de miles de millones de moléculas; para hallar la función de onda de ese gran sistema, con nosotros incluidos, hay que sumar una cantidad inmensa de ondas que se afectan unas a otras; el resultado es que, si antes de hacer la suma hubiera en alguna parte ondas coherentes, con un orden muy particular, manteniéndose en fase, su interacción con el entorno hará que pierdan la coherencia; se harán decoherentes y no mostrarán indicios de interferencia como los que se ven en el experimento de la doble rendija; eso explicaría que en nuestro mundo cotidiano no veamos fenómenos de interferencia cuántica, y se comporte en general en acuerdo con la física clásica; la decoherencia podría aportar aclaración adicional sobre por qué los universos paralelos no se perciben unos a otros: si en una situación o experimento determinado tenemos una superposición de estados descrita por una sola función de onda, cuando incluimos la interacción con el entorno, debido a que en general los entornos (o sus partes) serán distintos, y también los diversos estados que forman la superposición son ligeramente distintos, el resultado de la interacción serán dos (o más) funciones de onda diferentes; así, se considera que la decoherencia, aunque no elimina los universos paralelos, los separa de tal modo que no se perciben entre sí; también se está considerando que la decoherencia deshaga, por decirlo así, la configuración de muchos sistemas, y solo permita que sobrevivan aquellos que tengan un buen encaje entre sus diferentes partes y con sus entornos; esta idea se conoce como darwinismo cuántico, y su principal proponente, Wojciech Zurek, ha sugerido vagamente que tal vez guarde relación con el darwinismo biológico (quizá sea la raíz del encaje correcto de los seres vivos con su entorno, y el encaje correcto empiece a nivel cuántico); si estas ideas fueran ciertas tal vez se explicarían muchas cosas: Julian Barbour cuando considera las moléculas complejas y su correcta ordenación, indica que la teoría cuántica tiene el potencial de explicar su existencia, pues esas configuraciones están ya ahí de antemano, en la gran superposición de todas las posibilidades; si unimos esto con los estudios de Zurek, se eliminan la mayor parte de las posibles configuraciones por no encajar bien entre sí, ni en ningún entorno, y sobreviven solo los sistemas de encaje correcto; se eliminarían los universos paralelos salvo uno tal vez, pero seguirían existiendo a niveles microscópicos explicando así los fenómenos cuánticos; creo que alguien ha dicho que esto satisfaría tanto a Bohr como a Einstein (¿y a Everett?).

Parecería que el "darwinismo cuántico" de Zurek, va un paso más allá de la decoherencia, ya que podría explicar, no solo que una superposición de estados cuánticos se haga tan distinta al interaccionar los estados con entornos diferentes, de modo que se produzca un "colapso aparente", sino que de hecho podría ser un proceso físico que conduce a un colapso real de la función de onda a un solo estado, sobreviviendo solo los estados cuánticos que tienen un encaje idóneo con el ambiente con el que interactúan, y esto podría explicar muchas cosas o prácticamente todo, resolver el problema de la medida en teoría cuántica, el problema del origen de la información del ADN y de todo el aparato celular necesario simultáneamente para ser operativo: en la teoría cuántica todas las alternativas posibles están ya ahí presentes, incluidas todas las ordenaciones posibles de bases en el ADN, y de aminoácidos en las proteínas etc., pero solo sobreviven las que tienen un encaje idóneo para que no se autoliquiden por no ser funcionales u operativas, un encaje idóneo que tiene que existir con su entorno, de hecho con todo el Universo, formando una unidad holística donde toda pieza tiene que encajar.

¿Qué es la realidad?

Por los escritos que nos han llegado sabemos que los antiguos griegos propusieron ideas sobre la realidad, y sobre los elementos fundamentales que componían todo lo que observamos. Pármenides de Elea relató en un poema, lo que según él le había revelado una diosa, en el que enfatiza una distinción entre lo que es, o existe, y lo que no es, o no existe, entre el Ser y el No ser; del No ser no puede originarse nada, puesto que no existe, por tanto el Ser (o lo que es, lo que sí existe) no se ha originado de lo que no es; de hecho, de acuerdo con Parménides el cambio es imposible, puesto que implica que algo deja de ser lo que es para convertirse en otra cosa, lo que requeriría (al dejar de ser lo que es), pasar de Ser a No ser y de No ser a Ser (a ser algo distinto), lo que contradice la conclusión anterior de que del "No ser" no puede originarse nada. Por tanto el Ser no puede haber tenido origen ni principio. Platón propuso posteriormente que el mundo de apariencias que percibimos puede ser algo así como un reflejo imperfecto de un mundo superior que da origen a nuestra realidad, el "mundo de las ideas", y entre las ideas que, al parecer, siempre han sido ciertas, como "verdades intemporales", cabe destacar los conceptos y relaciones que se estudian en matemáticas. Incluso hoy día muchos científicos comparten el punto de vista platónico de las matemáticas, y se ha llegado a proponer que la realidad que experimentamos no es otra cosa que matemáticas o información. Wigner expresó su asombro ante "la casi irrazonable efectividad de las matemáticas en la descripción del mundo físico", y John Wheller, cuando se le preguntó sobre cual creía que finalmente resultaría ser el elemento fundamental de la realidad, acuñó la famosa frase: "It from bit", para referirse al hecho de que la "información" es el fundamento de la realidad.

Hasta algo tan complejo como un ser humano, con cerebro incluido, podría ser descrito por unas relaciones matemáticas muy complicadas y elaboradas, pues estamos hechos de las entidades más fundamentales que hemos considerado, y que son descritas por relaciones matemáticas. Por supuesto al crecer en complejidad las estructuras matemáticas, aparecen nuevas capacidades y propiedades emergentes, que no parecen tener los entes más fundamentales; resulta sorprendente pensar que pudiéramos ser estructuras matemáticas que habitan en el mundo platónico, abstracto e intemporal que concibieron Parménides, Platón y otros filósofos posteriores, pero eso es lo que están considerando algunos científicos de hoy, sumamente impresionados por el poder de las relaciones matemáticas, por su potencia para describir el "mundo físico", lo que inspira una sensación de que tienen poder generador, y que su misma existencia, que parece ser una necesidad lógica, y el hecho de que describan con tanta precisión tal "mundo físico", podría estar realmente diciéndonos que este no es otra cosa que la mismísima manifestación del "mundo matemático", y que por lógica debe contener estructuras de tan alto nivel de complejidad que llegan a ser autoconscientes. Si es realmente así, cabe preguntarse por qué el Universo parece tener una "historia", y nosotros mismos no tenemos consciencia de haber existido siempre; pero eso podría estar relacionado con los "recuerdos". Platón mismo expuso su teoría de la reminiscencia, en la que proponía que ya habíamos vivido en su "mundo de las ideas", pero lo habíamos olvidado; hay casos de personas que pierden la capacidad de grabar nuevos recuerdos, y para ellos es como si el tiempo no existiese, como si cada pocos minutos todo empezase de nuevo; en filosofía se consideran los ejemplos que han sido llamados "Tierra de cinco minutos" y "cerebro en una cubeta", que sugieren que nuestra percepción de la existencia y la realidad serían las mismas que tenemos, si alguien o algo activase las regiones adecuadas de "nuestro cerebro", que podría estar en una cubeta, y la Tierra y todo lo demás, tener solo cinco minutos, pero "nuestros recuerdos" y otros registros hacernos creer otra cosa; hay neurocientíficos que hablan de que nuestro "cuerpo" y nuestro "yo" pudiera ser una creación del "cerebro", como en la "realidad virtual"; a veces se menciona que la realidad podría consistir en "instantes de experiencia" que contienen recuerdos de otros instantes; tales "instantes" podrían existir eternamente como estructuras matemáticas, y aunque fuesen experimentados una y otra vez, no lo notarían, pues cada "instante" no contiene el recuerdo de haber sido ya experimentado. Estas ideas, aunque han sido sugeridas por los descubrimientos en neurociencia, y por el avance de las simulaciones por ordenador, y las técnicas de "realidad virtual", "realidad simulada" y "videojuegos", no son nuevas; ya hemos hablado de la ideas de Parménides y de Platón, y también René Descartes consideró el ejemplo de un "geniecíllo" que nos hiciese experimentar el "mundo" a su antojo; Fred Hoyle, científico que también escribió libros de ciencia ficción, ilustró la idea que estamos considerando sobre la "realidad" y el "tiempo" de manera semejante; todos los "instantes de experiencia" están ya ahí, eternamente, como casilleros que contienen los recuerdos de otros instantes; sin importar el orden o el número de veces que cada casillero es "activado", los "sujetos" que "viven en ellos" experimentan su "mundo" tal como nosotros, con un "orden temporal" y una existencia construida de "instantes únicos".

Habrá que esperar a que sigan avanzando la ciencia y la tecnología para obtener más comprensión de estos interesantes temas; si somos algo parecido a los personajes de un súpervideojuego muy avanzado, el dueño puede apagar nuestra "realidad", para irse a dormir o a hacer alguna otra cosa, y en otro momento volverlo a poner en marcha; no notaríamos nada, pues habríamos estado "inconscientes" en ese intervalo, y al proseguir donde lo dejamos no experimentaríamos ninguna "discontinuidad temporal".

CONCLUSIÓN

Hay todavía muchos enigmas esperando a ser desvelados, pero el conocimiento de nuestro mundo ha crecido exponencialmente desde la época de Newton, y en el siglo XX, la relatividad y la teoría cuántica, transformaron de manera sorprendente nuestra concepción de la realidad.

Los conocimientos adquiridos han hecho posible el desarrollo tecnológico actual, y mucha de esa tecnología amplía las posibilidades de investigación en campos tan importantes como la medicina, la biología molecular y la neurociencia.

Será interesante ver que se descubrirá en el futuro. !Hasta ahora, el estudio del mundo natural no ha dejado de sorprendernos!.

El Palacio de escarcha

El secreto del Universo, el misterio de la existencia, el enigma de cómo se origina lo que llamamos "la realidad", ha intrigado a los seres humanos desde la antigüedad; los descubrimientos científicos han contestado muchas preguntas y han iluminado muchas cuestiones, pero la imagen que emerge a partir de tales descubrimientos es sumamente extraña y sorprendente; la solidez de la materia, tal como la experimentamos por medio de nuestros sentidos y la interpretación que hace el cerebro de la información que le llega de ellos, se desvanece cuando la examinamos de cerca, dejándonos solo con un conjunto de ideas y conceptos, y relaciones entre ellos, codificados en fórmulas matemáticas, y a partir de esas relaciones abstractas, se genera lo que experimentamos como materia; curiosamente las conclusiones a las que parece llevar la ciencia moderna sobre la naturaleza profunda de la realidad, se parecen mucho a las intuiciones a las que llegaron pensadores de hace siglos, lo que parece un indicio de una conexión íntima entre la mente humana y el mundo en que vivimos. El Universo material contiene estructuras de gran belleza y complejidad; aquí mismo, en la Tierra, hay paisajes impresionantes, adornados con una rica variedad de formas de vida vegetal y animal; es como un magnífico palacio de mármol; pero al examinarlo de cerca resulta ser un delicado palacio de escarcha, una especie de construcción mental, cuyos constituyentes se desvanecen si intentamos examinarlos muy de cerca, como si se escondiesen de nosotros a fin de guardar celosamente, como si se tratara del tesoro más valioso, el mayor de todos los secretos: el origen de "la realidad"; sin embargo "el palacio de escarcha", contrariamente a lo que parece sugerir la metáfora, es más sólido que "el palacio de mármol", porque la materia está en continuo cambio y es perecedera, pero las ideas que subyacen a ella y al parecer le dan origen, esas ideas y relaciones que codificamos en fórmulas matemáticas, permanecen y mantienen su validez siempre; las ideas son eternas.

APÉNDICE MATEMÁTICO

EL DESCUBRIMIENTO DE LAS MATEMÁTICAS

Las crecidas anuales del río Nilo anegaban los campos de cultivo de los antiguos egipcios, pero cuando las aguas se retiraban dejaban expuesto un terreno sumamente fértil para los agricultores; es muy probable que tuviesen que volver a determinar los linderos de aquellos campos que hubiesen sido totalmente cubiertos por las aguas, y para ello tendrían que hacer uso de conocimientos de geometría.

La palabra "geometría", derivada del idioma griego, significa literalmente "medición de la tierra", y el conocimiento y uso de las técnicas geométricas no era exclusivo de los egipcios; evidentemente todas las civilizaciones de la antigüedad descubrieron y utilizaron las reglas que descubrieron, no solo para medir sus campos y territorios, sino también para las construcciones que realizaron, y para muchos otros propósitos útiles, y es evidente que hubo intercambio de ideas y descubrimientos entre las diversas naciones.

El comercio y otras prácticas de la vida cotidiana también hacían necesario medir, pesar y contar todo tipo de productos y artículos, y se desarrolló también la "aritmética" (palabra derivada del griego "arithmós: número", mientras que la palabra "cálculo" se deriva del latín "cálculus: piedrecita", pues se usaban pequeñas piedras para contar, sirviéndose de ellas seguramente para hacer operaciones de adición o sustracción).

Aquellas antiguas civilizaciones fueron dándose cuenta de que las reglas que descubrían eran útiles también para más cosas que las que originalmente motivaron su uso; por ejemplo podían medir distancias de objetos lejanos, y ya en la antigüedad se hicieron incluso estimaciones de los objetos astronómicos más cercanos, y del tamaño de toda la Tierra.

Se empezó a apreciar ya entonces que las "matemáticas" eran la clave del funcionamiento de todas las cosas, y con el paso de los siglos y el avance de la civilización, esta idea se ha confirmado de manera sorprendente, y ha hecho posible entender el funcionamiento del mundo en que vivimos, de la realidad, desde las gigantescas agrupaciones de astros del Universo, hasta las diminutas estructuras subatómicas, y la asombrosa complejidad y coordinación de tales entidades en los procesos biológicos, hasta un grado sorprendente.

Pero las matemáticas avanzadas, y su aplicación en cosmología, física, química, biología molecular, y otros muchos campos, no resultan fáciles; sin embargo si se empieza desde la base, y se va ascendiendo desde ahí, escalón por escalón, entendiendo la lógica que hay detrás del simbolismo matemático, su comprensión es posible para todos, y hasta se puede disfrutar de su estudio.

Se puede empezar con un breve resumen general, descriptivo, usando lenguaje corriente antes de emplear fórmulas y símbolos.

El cálculo de áreas y volúmenes en la geometría elemental, consiste básicamente en multiplicar "largo" por "ancho", en el caso de las áreas o superficies, y "largo" por "ancho" por "alto" en el caso de los volúmenes, aunque dependiendo de la forma de la figura la "fórmula" a utilizar será distinta, pero no nos detendremos ahora en los detalles; lo que queremos destacar es que la propiedad que queremos medir depende de los elementos de la figura, y de cómo se relacionan entre ellos, es decir de su dependencia funcional.

Por ejemplo, para calcular el área de un cuadrado basta con multiplicar el valor de la longitud de un lado por sí mismo, ya que en el caso del cuadrado "largo" y "ancho" son iguales: LARGO x ANCHO = LADO x LADO.

Esto nos sirve para ilustrar el concepto general de función: en el caso del cuadrado el valor de su superficie depende, o está en función del valor de la longitud del lado.

A veces se dice que una "función" en matemáticas, es una regla que permite calcular el valor de una magnitud, a partir de los diferentes valores que pueda ir tomando otra magnitud u otras magnitudes con las que está relacionada y de las que depende.

O una "aplicación" que asigna a cada elemento de un conjunto un elemento de otro conjunto: Por ejemplo, en el caso del cuadrado, podemos pensar en el conjunto de todos los valores posibles que puede tomar el lado, y en otro conjunto que es el conjunto de todos los posibles valores que toma el área; cada elemento del primer conjunto (los lados) corresponderá a un elemento del segundo conjunto (las áreas); habrá por tanto una correspondencia biunívoca (uno a uno) entre los dos conjuntos.

La dependencia funcional se puede representar en una gráfica:

Podemos trazar dos ejes perpendiculares entre sí, uno horizontal y otro vertical, que se cortan en un punto al que llamamos origen; hacemos unas marcas equidistantes en cada uno de estos ejes y las numeramos, como una regla de medir longitudes.

En el eje horizontal marcamos los valores que puede tomar una de las magnitudes de la “función”, y entonces marcamos en el eje vertical el valor que toma la otra magnitud para cada valor de la primera; trazamos líneas perpendiculares desde cada punto del eje horizontal y del vertical, y unimos con una línea continua todos los puntos de intersección; esa línea es la gráfica de la función; nos muestra, en cada intervalo de posibles valores, si la magnitud representada en el eje vertical crece o decrece, y en qué proporción lo hace, al ir variando el valor de la magnitud representada en el eje horizontal.

En el estudio del mundo natural, la dependencia funcional de unas magnitudes respecto a otras, puede tomar muchas formas, así que es fácil comprender que las gráficas que representan esos procesos podrían, en principio, ser de formas muy variadas, quizá infinitas.

Sin embargo, toda esa rica variedad, comparte rasgos en común, que permiten agrupar las funciones matemáticas que representan o modelan esos procesos, en clases muy generales.

Por ejemplo en muchos procesos del mundo natural, se da lo que se llama un crecimiento (o a veces decrecimiento) exponencial; un ejemplo puede ser la formación de un organismo pluricelular a partir de una célula original; la célula se divide en dos, y cada nueva célula se sigue dividiendo en dos, de modo que primero pasamos de una a dos, después de dos a cuatro, entonces de cuatro a ocho, dieciséis, treinta y dos, sesenta y cuatro…….. y en poco tiempo tenemos billones de células; en el crecimiento exponencial el aumento puede parecer lento al principio, pero a cada nuevo paso el aumento se va haciendo muchísimo mayor, y un solo tipo de función matemática, la función exponencial, sirve para modelar y estudiar matemáticamente muchísimos fenómenos distintos.

En el mundo natural se dan también muchos procesos que se repiten de manera cíclica, o que oscilan, subiendo y bajando los valores de las magnitudes que los caracterizan; por ejemplo la propagación de una onda sonora a través del aire: un movimiento, como la vibración de nuestras cuerdas vocales, desplaza ligeramente las moléculas de aire que están en contacto con ellas, que a su vez desplazan a las contiguas, y así sucesivamente, de modo que a través del aire se propaga una onda de presión; la misma fórmula matemática, la fórmula de un oscilador, representa una amplia variedad de fenómenos cíclicos, vibratorios u oscilatorios: ondas sonoras, movimientos mecánicos variables, luz y otras ondas electromagnéticas, procesos atómicos y moleculares.....etc.

De modo que todo el trabajo matemático que se desarrolló, por ejemplo, desde la época de Newton y Leibnitz, para estudiar el movimiento planetario, o la vibración de una cuerda, después ha resultado ser útil, con las modificaciones adecuadas, para aplicarlo a la teoría cuántica y a las vibraciones de átomos y moléculas.

Las llamadas "funciones especiales", como las de Legendre, Laguerre y Bessel surgieron en el estudio de los movimientos planetarios, pero ahora se utilizan (Legendre y Laguerre) para resolver la ecuación de Schrödinger de la mecánica cuántica; son variaciones sobre un mismo tema: "funciones esféricas" o "ecuaciones de oscilador".

Si la gráfica de una función es continua en un intervalo, sin cortes, eso significa que existe un valor de la función para todo posible valor de la variable o variables de las que depende; pero hay infinitos números entre, digamos, dos números enteros, de modo que es algo parecido a lo que ocurre con π, el número que indica la proporción entre la longitud de una circunferencia y su diámetro: sus cifras decimales son infinitas; podemos aproximarnos todo lo que queramos, en principio, a su valor, por ejemplo inscribiendo polígonos de muchos lados en la circunferencia, y calculando su perímetro, o usando otros algoritmos, pero necesitaríamos un tiempo infinito para obtener los infinitos decimales.

De igual manera el valor de una función se puede obtener evaluando la integral correspondiente, si esto es posible, usando las técnicas del cálculo integral, o se puede aproximar con el grado de precisión que se requiera, por medio de un desarrollo en serie de potencias (suma de potencias), o, en particular si su gráfica "oscila" (sus valores suben y bajan, presentando máximos, mínimos y puntos estacionarios), por medio de un desarrollo en serie de Fourier, es decir una serie trigonométrica (una suma de senos y cosenos, multiplicados cada uno por sus correspondientes amplitudes o coeficientes de Fourier); esto es fácil de comprender ya que los valores de las funciones trigonométricas (seno y coseno) oscilan, y se puede representar prácticamente cualquier función, por un desarrollo o expansión de Fourier adecuado; también es fácil comprender que muchas funciones se puedan aproximar por series de potencias, pues si multiplicamos binomios, podemos obtener polinomios de cualquier grado y tamaño (Se conoce como "teorema fundamental del álgebra", la demostración que hizo Gauss de que todo polinomio de cualquier grado, puede ser factorizado como un producto de binomios).

Las matemáticas parecen tener poder generador: la existencia y veracidad de las relaciones matemáticas parece ser una necesidad lógica, algo así como las "verdades necesarias" de las que hablan los filósofos; el famoso teorema de Gödel de la lógica matemática no contradice esto; por el contrario, más bien lo que demuestra es que la riqueza de las matemáticas parece ser infinita, y ningún sistema finito de axiomas (un sistema formal) es suficiente para derivar todas las verdades matemáticas.

Científicos como Eugene Wigner han expresado su asombro ante la "casi irrazonable efectividad de las matemáticas para describir el mundo físico". Einstein, Dirac, Roger Penrose y otros han manifestado pensamientos similares. Julian Barbour, John Barrow y algunos más, casi han llegado a sugerir que podríamos estar viviendo en el "mundo matemático" de Platón. Max Tegmark lo ha propuesto directamente.

Los científicos usan ahora los computadores para hacer simulaciones por ordenador de procesos físicos, como el tiempo atmosférico, el movimiento de los astros, el plegamiento de las proteínas, predicción de genes y muchas otras cosas, y esas simulaciones resultan muy útiles y precisas para calcular lo que ocurre realmente.

Parece que solo hay un paso muy corto desde ahí, a pensar que el Universo es realmente un gran computador.

Pero como ya expresara Richard Feynmann, si las leyes más básicas del Universo no son las leyes de la física clásica, sino las de la física cuántica (junto con la Relatividad), el Universo debería ser simulado, no por un ordenador clásico, sino por un ordenador cuántico.

Si la simulación fuese perfecta sería indistinguible del Universo real; de modo que el Universo tendría que ser considerado como un ordenador cuántico, y esto es lo que están proponiendo físicos y científicos que investigan en informática cuántica, pues, como ellos dicen: "la informática cuántica es mecánica cuántica"; en efecto un ordenador cuántico es un sistema que utiliza los "estados de superposición" típicos de la teoría cuántica antes de que se produzca la decoherencia, como "puertas lógicas", los circuitos que un ordenador clásico usa para hacer sus computaciones; al disponer de un número mucho mayor de tales "puertas lógicas" funcionando en paralelo la capacidad de un ordenador cuántico es muchísimo mayor.

Entender cómo funciona esto ayudaría seguramente a entender muchos fenómenos que hoy todavía se consideran enigmáticos sobre el Universo, la realidad y la misma teoría cuántica; pero consideremos ahora cómo se descubrió esta teoría y lo que se ha podido explicar con ella.

DERIVADAS Y ECUACIONES DIFERENCIALES

Derivada de un producto de funciones:

Supongamos que tenemos una función "y" que se puede expresar como el producto de dos funciones distintas de "x", a las que llamaremos "u" y "v".

De modo que:

$$y = u\,v\,; \quad u = f(x)\,; \quad v = F(x)$$

Damos a "x" un incremento "Δx" y obtenemos así las tres funciones incrementadas, pues cada una de ellas, al ser una función de "x", se incrementa en una cantidad determinada al incrementarse "x" :

$$y + \Delta y = (u + \Delta u)(v + \Delta v)$$

Hacemos la multiplicación de las expresiones entre paréntesis del 2º miembro de la ecuación, multiplicando cada término del primer paréntesis por cada término del segundo:

$$y + \Delta y = u\,v + v\,\Delta u + u\,\Delta v + \Delta u\,\Delta v$$

Restamos la función primitiva: $y = u\,v$

$$y + \Delta y - y = u\,v + v\Delta u + u\Delta v + \Delta u\,\Delta v - u\,v$$

En el primer miembro de la ecuación la "y" con signo positivo se cancela con la "y" que resta, y lo mismo ocurre en el segundo miembro con el producto "u v", quedando:

$$\Delta y = v\,\Delta u + u\,\Delta v + \Delta u\,\Delta v$$

Dividimos los dos miembros de la ecuación por "Δx" para obtener el cociente de incrementos:

$$\frac{\Delta y}{\Delta x} = v\,\frac{\Delta u}{\Delta x} + u\,\frac{\Delta v}{\Delta x} + \frac{\Delta u}{\Delta x}\Delta v$$

Y pasando al límite, todos los cocientes de incrementos se convierten en las derivadas de esas funciones con respecto a "x":

$$\lim_{\Delta x \to 0} \frac{\Delta y}{\Delta x} = \frac{dy}{dx} = v\,.\frac{du}{dx} + u\,.\frac{dv}{dx} + \frac{du}{dx}\,.\,\Delta v$$

Fijémonos en el último término (o sumando) del 2º miembro de la ecuación: en los dos primeros sumandos las derivadas están multiplicadas por "v" y por "u" respectivamente. No hay razón para pensar que esos productos de una función por una derivada se anulen.

En cambio en el 3º sumando la derivada está multiplicada por "Δv", que al ser un infinitesimal tenderá a cero cuando "Δx" tienda a cero. Como consecuencia el producto $\frac{du}{dx}\,.\,\Delta v$ también tenderá a cero, por lo que una vez más podemos omitirlo sin pérdida sensible, y la ecuación queda así:

$$\frac{dy}{dx} = \frac{d(u\,v)}{dx} = v\,.\frac{du}{dx} + u\,.\frac{dv}{dx}$$

De modo que la derivada de un producto de dos funciones de la misma variable es igual a la suma de los productos de cada una de ellas por la derivada de la otra.

Proceso general para obtener la derivada de una función

El valor numérico de unas magnitudes depende del valor numérico de otras con las que guardan una determinada relación.

Si conocemos cual es esa relación podemos expresarla en forma abreviada con un conjunto de símbolos a los que asignamos un significado determinado

Hay relaciones geométricas y relaciones aritméticas; las relaciones cuantitativas entre las partes de una estructura geométrica se pueden expresar como relaciones aritméticas, y también ocurre lo contrario

Como al estudiar cualquier estructura, unas partes guardan relación con otras, se puede decir que los valores de una están en función o dependen de los valores de otras; si se conoce la forma de las relaciones entre las diversas partes de una estructura, la forma de la dependencia funcional entre unas y otras, se puede deducir el valor numérico de unas a partir del valor de las otras

En "geometría" (palabra que significa "medición de la tierra"), por ejemplo, el valor del área de un campo, o del volumen de una caja, dependen del valor de los lados del campo o de la caja

En el estudio del movimiento (de los procesos de cambio), la velocidad, por ejemplo, se determina conociendo la distancia recorrida en un intervalo de tiempo

Hay formas geométricas cuya "regularidad" permite hallar unos valores que la caracterizan, a partir de otros de los que dependen, de una manera relativamente sencilla, pues la relación o dependencia funcional es sencilla

Pero cuanto más irregular es una forma geométrica esto se hace más difícil, lo que ha llevado a desarrollar métodos para tratar esas formas geométricas más irregulares: la idea clave es aproximar su valor a partir de "formas regulares" que se aproximen a la forma irregular

Cuando un móvil cambia de velocidad, deja de tener un movimiento rectilíneo y uniforme, al acelerar o decelerar, o al cambiar la dirección de su movimiento; el valor numérico de ese cambio se puede representar en un gráfico. El ritmo de variación "instantánea" de la velocidad de un móvil, se puede representar por la "rapidez" con que varía la "inclinación" de la tangente a la curva que representa los valores de la velocidad en cada "instante", la "inclinación mayor o menor" que experimenta dicha tangente al pasar de un "valor instantáneo" de la velocidad al siguiente valor, valores que en la gráfica corresponden a los "puntos" consecutivos que forman la gráfica curva; la altura de cada "punto" de la curva representa el valor de la velocidad en cada "instante"; al pasar de un "punto" al siguiente, la tangente se inclinará más o menos, dependiendo de si el "cambio de velocidad" o "aceleración instantánea" es mayor o menor

La clave de los métodos del cálculo infinitesimal, se basa en el hecho de que una "forma geométrica" (que también puede considerarse como una representación gráfica de procesos físicos de cambio), por irregular que sea, se puede considerar "compuesta" o "formada" por "figuras regulares", si las hacemos o consideramos del tamaño lo suficientemente pequeño, como se ilustra en el ejemplo del cálculo del área de un campo de forma irregular

Para poner esto en práctica se siguen tres pasos fundamentales; una expresión matemática que tiene, por ejemplo, esta forma:

$$y = 5x + 2$$

contiene dos variables y dos constantes; las constantes son el 5 y el 2, y las variables están representadas por la "y" y la "x".

Decimos que "y" es una función de "x", pues los valores numéricos que tome la variable "y", dependen de los que tome la variable "x", y por este motivo se llama a la "x" variable independiente; en cambio los valores que tome "y" dependen de los que tome "x"

Las funciones de "x" pueden tomar muchas formas distintas, por ejemplo:

$$y = 10 + \frac{x}{2}$$

$$y = \sqrt{x}$$

$$y = x^2 - 4;$$

y muchas otras formas

Se expresan todas, tengan la forma que tengan, como:

$$y = f(x)$$

"y" es una función cualquiera de "x", "y" es igual a "f" de "x"

Para calcular como varía el valor de la función "y", para variaciones infinitesimales del valor de "x", se hace sobre el papel algo parecido a lo que hicimos para hallar el área del campo de forma muy irregular; se inscriben dentro del campo un conjunto de figuras regulares juntas, como los rectángulos de diferentes alturas, de tal forma que se aproximen a la forma del campo, y después podemos aproximarnos progresivamente cada vez más, inscribiendo rectángulos cada vez más estrechos, y que se aproximen tanto a los bordes del campo, que la suma de todas sus áreas (que podemos calcular multiplicando la base por la altura), prácticamente equivale al área real del campo

Veamos cómo funciona esto para cualquier función de "x":

1- Damos a la función un pequeño incremento (un pequeño aumento de su valor), que representamos con el símbolo "Δy" , por medio de dar un pequeño incremento a la variable "x":

$$y + \Delta y = f(x + \Delta x)$$

2- Restamos la función original de la función incrementada, para obtener el valor que se ha añadido a "y" al dar al valor de "x" un pequeño aumento:

$$y + \Delta y - y = f(x + \Delta x - x)$$

Como se ve, restamos, miembro a miembro, la función original: $y = f\ (x)$

Y como en el primer miembro de la ecuación la "y" que suma se cancela con la "y" que resta, y lo mismo ocurre en el segundo miembro con la "x", nos queda:

$$\Delta y = f(\Delta x)$$

3- Dividimos el incremento de la función por el incremento de la variable independiente, para calcular la proporción en que varía "y" al dar un pequeño incremento a "x":

$$\frac{\Delta y}{\Delta x}$$

y a continuación, como si estuviéramos llevando a cabo un proceso de aproximaciones sucesivas cada vez más precisas, haciendo el incremento de "x" cada vez más pequeño, escribimos una expresión que representa el valor límite al que llegaría "y", cuando "Δx" tuviera lo que podríamos llamar "su valor más pequeño posible", o como se expresa habitualmente, un "valor infinitesimal"

Esta operación se llama “paso al límite”, y se expresa así:

$$\lim_{\Delta x \to 0} \frac{\Delta y}{\Delta x} = \frac{dy}{dx}$$

“límite, cuando incremento de “x” tiende a cero, de la razón de incrementos (la razón entre el incremento de “y” y el incremento de “x”, representada por el cociente $\frac{\Delta y}{\Delta x}$); ese límite es la derivada de la función con respecto a “x”; nos proporciona la expresión matemática adecuada para calcular el valor en que varía “y”, a medida que “x” va variando por pequeños pasos infinitesimales; ese valor está expresado por el “cociente diferencial”:

$$\frac{dy}{dx}$$

Solución de ecuaciones diferenciales

Una ecuación diferencial es una ecuación que contiene derivadas, o sea expresiones diferenciales.

Veamos cómo hallar soluciones que satisfagan la ecuación diferencial.

La idea es encontrar métodos o tácticas (estrategias) para hallar soluciones a la ecuación diferencial

Las que pueden resolverse por métodos elementales son:

- Las lineales
- Las separables

Ecuaciones diferenciales de 2º orden (el mayor exponente que aparece es 2):

- Forma general:

$$\frac{d^2y}{dx^2} + a\frac{dy}{dx} + by = r(x)$$

(no homogénea: r (x) no es cero)

$$\frac{d^2y}{dx^2} + a\frac{dy}{dx} + by = 0$$

(homogénea [y lineal])

Siempre es posible encontrar una solución de la forma: $e^{\lambda x}$, siendo λ una constante adecuada

Ejemplo:

$$y_1 = e^{2x}$$

$$y_2 = e^{3x}$$

son dos soluciones

$$\frac{d^2y}{dx^2} - 5\frac{dy}{dx} + 6y = 0$$

Se eligen los coeficientes 5 y 6, porque, como veremos, dan las soluciones adecuadas

Solución 1:

$$y_1 = e^{2x}$$

$$\frac{dy_1}{dx} = 2\,.\,e^{2x}$$

$$\frac{d^2y_1}{dx^2} = 4e^{2x}$$

$$\frac{d^2y_1}{dx} - 5\frac{dy_1}{dx} + 6y_1 = 4\,e^{2x} - 5\,.\,(2e^{2x}) + 6\,e^{2x} = e^{2x}(4 - 10 + 6) = 0$$

Solución 2:

$$y_2 = e^{3x}$$

$$\frac{dy_2}{dx} = 3\,e^{3x}$$

$$\frac{d^2y_2}{dx^2} = 9\,e^{3x}$$

$$\frac{d^2 y_2}{dx^2} - 5\frac{dy_2}{dx} + 6y_2 = 9\,e^{3x} - 15\,e^{3x} + 6\,e^{3x} = e^{3x}(9 - 15 + 6) = 0$$

(se elige una exponencial porque su derivada es ella misma, y su derivación, por lo explicado aquí, siempre va a dar el mismo resultado, o un múltiplo de él, y esto permite sacar la exponencial como factor común; lo mismo ocurre para la segunda solución)

Vamos a verlo con más claridad:

En la primera solución, la derivada de 2x es 2; la derivada de la exponencial es ella misma; e^{2x} es una "función de función", porque e^{2x} es una función de "x", pero a su vez, la expresión en el exponente: 2x, es otra función de "x" ella misma; por lo tanto hay que aplicar la regla de la cadena para derivarla:

$$e^{2x}$$

$$e^{u}$$

$$u = 2x$$

$$\frac{de^{u}}{du}\frac{du}{dx}$$

$$\frac{de^{u}}{du} = e^{u}$$

$$\frac{du}{dx} = \frac{d(2x)}{dx} = 2\ .\ \frac{dx}{dx} + x\ .\ \frac{d(2)}{dx} = 2\ .\ 1 + x\ .\ 0 = 2$$

[Puesto que $\frac{dx}{dx} = 1$, (derivada de la función idéntica), y $\frac{d(2)}{dx} = 0$, (derivada de una constante)]

$$\frac{de^{u}}{dx} = \frac{de^{u}}{du}\frac{du}{dx} = e^{u}\ .\ 2 = 2e^{2x}$$

Esto ilustra que siempre es posible hallar dos soluciones particulares, eligiendo adecuadamente los coeficientes constantes

Si la multiplicamos por una constante, la nueva función es también una solución:

$y_3\,(x) = c\,y_1(x)$, c: una constante

$$\frac{dy_3}{dx} = \frac{d(cy_1)}{dx} = c\frac{dy_1}{dx}$$

$$\frac{d^2y_3}{dx^2} = c\frac{d^2y_1}{dx^2}$$

Por tanto:

$$\frac{d^2y_3}{dx^2} + p(x)\frac{dy_3}{dx} + q(x)y_3 = c\left[\frac{d^2y_1}{dx^2} + p(x)\frac{dy_1}{dx} + q(x)y_1\right] = 0$$

Puesto que la expresión entre corchetes es cero, como se vio antes

y_1 *e* y_3 no se consideran diferentes porque cada una es sencillamente un múltiplo de la otra: son "linealmente *dependientes*"

En general, dos funciones "y_1" *e* "y_2" lo son, si:

$$a_1y_1\,(x) + a_2y_2(x) = 0$$

Si a_1 y a_2 no son ambos cero.

Si solo se cumple cuando $a_1 = a_2 = 0$, son "linealmente *independientes*", y ninguna es múltiplo de la otra.

Principio de superposición:

Cualquier combinación lineal de dos soluciones de una ecuación lineal homogénea, es también solución:

Combinación lineal:

$$y = c_1\,y_1 + c_2y_2$$

c_1 , c_2: constantes arbitrarias

$$\frac{dy}{dx} = c_1 \frac{dy_1}{dx} + c_2 \frac{dy_2}{dx}$$

$$\frac{d^2 y}{dx^2} = c_1 \frac{d^2 y_1}{dx^2} + c_2 \frac{d^2 y_2}{dx^2}$$

Sustituyendo las expresiones para las derivadas primera y segunda en la fórmula general:

$$\frac{d^2 y}{dx^2} + p(x)\frac{dy}{dx} + q(x)y = 0$$

$$\left(c_1 \frac{d^2 y_1}{dx^2} + c_2 \frac{d^2 y_2}{dx^2}\right) + p(x)\left(c_1 \frac{dy_1}{dx} + c_2 \frac{dy_2}{dx}\right) + [q(x)](c_1 y_1 + c_2 y_2) = 0$$

Haciendo las multiplicaciones para quitar paréntesis y corchetes:

$$c_1 \frac{d^2 y_1}{dx^2} + c_2 \frac{d^2 y_2}{dx^2} + p(x)c_1 \frac{dy_1}{dx} + p(x)c_2 \frac{dy_2}{dx} + q(x)c_1 y_1 + q(x)c_2 y_2 = 0$$

Recolocando los términos de la suma para agrupar juntos los que van multiplicados por c_1 y después los que van multiplicados por c_2:

$$c_1 \frac{d^2 y_1}{dx^2} + p(x)c_1 \frac{dy_1}{dx} + q(x)c_1 y_1 + c_2 \frac{d^2 y_2}{dx^2} + p(x)c_2 \frac{dy_2}{dx} + q(x)c_2 y_2 = 0$$

Y sacando factor común:

$$c_1[forma\ general] + c_2[forma\ general] = 0$$

$$(\ \textit{forma general} = \frac{d^2y}{dx^2} + p(x)\frac{dy}{dx} + q(x)y = 0\ )$$

No se cumple para ecuaciones no homogéneas, o/y no lineales

Pero sí es la solución general, aunque y_1 e y_2 sean linealmente independientes, pues en tal caso los coeficientes $a_1 = a_2 = 0$, o $(c_1 = c_2 = 0)$, también dan como resultado cero al multiplicar por las expresiones entre corchetes

Solución general:

$$\frac{d^2y}{dx^2} + p(x)\frac{dy}{dx} + q(x)y = 0$$

Tiene la forma general de la ecuación de 2º grado, aunque con diferenciales:

$$ax^2 + bx + c = 0$$

Cuya solución es:

$$x = \frac{-b \pm \sqrt{b^2 - 4ac}}{2a}$$

Expresión que representa las dos soluciones posibles, según el signo que se use ante la raíz cuadrada:

$$x_1 = \frac{-b + \sqrt{b^2 - 4ac}}{2a}$$

$$x_2 = \frac{-b - \sqrt{b^2 - 4ac}}{2a}$$

Ya hemos visto que:

$$y = e^{\lambda x}$$

es solución, si:

$$e^{\lambda x}(\lambda^2 + a\lambda + b) \rightarrow (\lambda^2 + a\lambda + b) = 0$$

$$(\lambda^2 + a\lambda + b) = 0$$

es la "ecuación característica" o "ecuación auxiliar" de la ecuación diferencial, y al tener la forma de la ecuación de 2º grado:

$$ax^2 + bx + c$$

Con $a = 1,\ \lambda = x,\ a = b,\ y\, b = c$, es decir, haciendo esas sustituciones, se pueden dar 3 casos de soluciones, dependiendo del valor (o forma) del discriminante (la expresión bajo la raíz en la fórmula de la solución de la ecuación de 2º grado)

$$a^2 - 4b > 0$$

$$a^2 - 4b = 0$$

$$a^2 - 4b < 0$$

Esto corresponde a la expresión: "$b^2 - 4ac$", de la fórmula de la solución de la ecuación de 2º grado, al hacer las sustituciones: $b \to a,\ \ a \to 1,\ \ c \to b$

Si ponemos que "b" es "a" $= 1 = c$ en la "ecuación característica", y "$x \to \lambda$":

$$x = \frac{-b \pm \sqrt{b^2 - 4ac}}{2a} \quad \to \quad \lambda = \frac{-b \pm \sqrt{a^2 - 4b}}{2}$$

y los posibles valores de "λ" son:

$$\lambda_1 = \frac{1}{2}\left(-a + \sqrt{a^2 - 4b}\right)$$

$$\lambda_2 = \frac{1}{2}\left(-a - \sqrt{a^2 - 4b}\right)$$

Soluciones particulares:

Por el principio de superposición, se puede considerar:

$$y(x) = c_1 y_1(x) + c_2 y_2(x)$$

una forma de expresar la solución general

Las dos constantes arbitrarias c_1 y c_2, se determinan normalmente en aplicaciones físicas por dos condiciones (al ser dos las constantes), de alguna de las 2 maneras siguientes:

1- **Condiciones iniciales**: Se especifican los valores de la función $y(x)$ y también de su derivada $y'(x)$, para algún valor de "x":

   $$y(x_0) \rightarrow \textit{condición o valor inicial del que se parte}$$

   $$y'(x) = y_1$$

Ejemplo:

Resolver el problema de valor inicial:

$$y'' + y' - 6y = 0$$

Fijamos $y\,(0) = 0$, $y'(0) = 5$, (según la naturaleza y lo que sepamos del problema a tratar)

Ecuación característica:

$$\lambda^2 + \lambda - 6 = 0$$

Factorizada:

$$(\lambda - 2)(\lambda + 3) = \lambda^2 + 3\,\lambda - 2\,\lambda - 6 = \lambda^2 + \lambda - 6$$

Para que sea cero debe cumplirse: $\lambda_1 = 2,\ \lambda_2 = -3$

Obtenemos así sus valores:

$$\lambda^2 + \lambda - 6$$

(1): $2^2 + 2 - 6 = 4 + 2 - 6 = 6 - 6 = 0$

(2): $-3^2 + (-3) - 6 = 9 - 3 - 6 = 6 - 6 = 0$

Solución general:

$$y(x) = c_1 e^{2x} + c_2 e^{-3x}$$

Pues: $y_1 = e^{\lambda_1 x},\ y_2 = e^{\lambda_2 x}$

Derivada primera:

$$y\,'(x) = 2\,c_1 e^{2x} - 3\,c_2 e^{-3x}$$

(usando la regla de la cadena, pues hay que derivar "función de función", obtenemos el producto de las derivadas; las exponenciales permanecen; la derivada de:

$2x\ es\ 2\ \ y\ la\ de -\ 3x\ es - 3)$

Entonces:

$y(0) = 0 = c_1 + c_2$ (para $x = 0, las\ exponenciales\ e^0 = 1,$

en la solución general: $y(0) = c_1 e^o + c_2 e^0 = c_1 + c_2)$

Derivada primera:

$$y\,'(0) = 5 = 2\,c_1 - 3\,c_2$$

(pues:

$$y'(0) = 2c_1 e^{2x} - 3c_2 e^{-3x} = 2c_1 e^0 - 3c_2 e^0 = 2c_1 - 3c_2)$$

Y como hemos fijado como condición inicial:

$$y'(0) = 5$$

debe cumplirse:

$$c_1 = 1, \qquad c_2 = -1$$

de modo que:

$$y'(0) = 2c_1 - 3c_2 = 2 - (-3) = 2 + 3 = 5$$

Sustituyendo en la Solución General, la solución del problema de valor inicial es:

$$y(x) = e^{2x} - e^{-3x}$$

Las condiciones iniciales se asocian normalmente con aplicaciones en dinámica, siendo "x", la variable "tiempo": cómo evoluciona el sistema en el tiempo para los valores iniciales fijados.

2- **Condiciones de contorno**:

En muchas aplicaciones, la situación física se determina por el valor de y(x) en la frontera del sistema

condiciones de contorno:

$$y\,(x_1) = y_1, \qquad y(x_2) = y_2$$

x_1 y x_2 *son los extremos del intervalo* $x_1 \leq x \leq x_2$, en el cual está definida la ecuación diferencial

Ejemplo:

$y'' - 2\,y' + 2\,y = 0$, en el contorno $y(0) = 1,\;\; y\left(\pi/_2\right) = 2$

$y'' - 2\,y' + 2\,y = 0$; *ecuación característica*:$\lambda^2 - 2\lambda + 2 = 0$

$(\lambda^2 + a\lambda + b = 0, \;\; b = a = c = 1)$

Las raíces son:

$$\lambda = \frac{1}{2}\left(2 \pm \sqrt{4-8}\right)$$

De acuerdo con:

$$\lambda_1 = \frac{1}{2}\left(-a + \sqrt{a^2 - 4b}\right., \; \lambda_2 = \frac{1}{2}\left(-a - \sqrt{a^2 - 4b}\right),$$

como en $\lambda^2 - 2\lambda + 2 = 0$, el 2 tiene signo negativo, en las expresiones $"-a"$, cambia a positivo; y dentro del radical $\sqrt{a^2 - 4b}$ es $\sqrt{4-8}$, pues $a = -2, a^2 = 4$, y, $4b = 8$, pues $b = 2$

$\lambda_1 = 1 + i$; $\lambda_2 = 1 - i$; pues $\sqrt{4-8} = \sqrt{-4}$; $\sqrt{-4} = \sqrt{4}\, i$

$$\lambda_1 = \frac{2 + \sqrt{4}\,.\,i}{2} = \frac{2 + 2\,i}{2} = \frac{2(1+i)}{2} = 1 + i$$

$$\lambda_2 = \frac{2 - \sqrt{4}\,.\,i}{2} = \frac{2 - 2\,i}{2} = \frac{2(1-i)}{2} = 1 - i$$

Por tanto 2 soluciones independientes son :

$$y_1(x) = e^{\lambda_1 x} = e^{(1+i)x}$$

$$y_2(x) = e^{\lambda_2 x} = e^{(1-i)x}$$

linealmente independientes

La solución general:

$$y(x) = c_1 e^{(1+i)x} + c_2 e^{(1-i)x} = e^x\left(c_1 e^{ix} + c_2 e^{-ix}\right)$$

En forma trigonométrica, utilizando la relación:

$$e^{\pm ix} = \cos x \ \pm i\, sen\, x$$

tenemos:

$$\begin{aligned} y\,(x) &= e^{x}[c_1(\cos x + i\, sen\, x) + c_2(\cos x - i\, sen\, x)] \\ &= e^{x}[(c_1 + c_2)\cos x + i(c_1 - c_2)\, sen\, x] \\ &= e^{x}(d_1 \cos x + d_2\, sen\, x) \end{aligned}$$

donde:

$$d_1 = c_1 + c_2$$

$$d_2 = i(c_1 - c_2)$$

son (nuevas) constantes arbitrarias.

Ejemplo de problema de contorno:

$y'' - 2y' + 2y = 0$; fijamos los valores de la función en los "extremos": $y\,(0) = 1$, $y\left({}^{\pi}/_{2}\right) = 2$

(y'' significa la derivada segunda de "y", e y' la derivada primera).

La ecuación es la resuelta en el ejemplo considerado anteriormente:

$$y\,(x) = e^{x}(d_1 \cos x + d_2 sen\, x)$$

Aplicando las condiciones de contorno

1- $y\,(0) = 1 = e^{0}(d_1 \cos 0^{\underline{o}} + d_2 sen\, 0^{\underline{o}}) = d_1,$

Pues $\cos 0^{\underline{o}} = 1,\ sen\, 0^{\underline{o}} = 0,\ e^{0} = 1$

2- $y\left({}^{\pi}/_{2}\right) = 2 = e^{\pi/2}\left(d_1 cos\, {}^{\pi}/_{2} + d_2 sen\, {}^{\pi}/_{2}\right) = d_2 e^{\pi/2}$

Pues:

$$\pi/_2 = 90º, \;\; \pi = 180º,$$

$$2\pi \; = 360º, \;\; \cos 90º = 0, \qquad sen\, 90º = 1$$

$$y\left(\pi/_2\right) = 2 = d_2 e^{\pi/_2}; \;\; d_2 = \frac{2}{e^{\pi/_2}} = 2e^{-\left(\pi/_2\right)}$$

$d_1 = 1; \quad d_2 = 2e^{-\left(\pi/_2\right)}$, y la solución del problema de contorno es:

$$y\,(x) = e^x\left(\cos x + 2e^{-\left(\pi/_2\right)} sen\; x\right)$$

Esta es la solución del problema de contorno.

En algunos casos, cuando en la ecuación diferencial hay parámetros por determinar, se necesitan una o más condiciones iniciales para especificar la solución.

Uno de los ejemplos más sencillos e importantes en ciencias físicas es:

$$\frac{d^2y}{dx^2} + \omega^2 y = 0$$

(ω, es un número real),

De solución general:

$$y\,(x) = c_1 e^{i\omega t} + c_2 e^{-i\omega y}$$

O la forma trigonométrica equivalente:

$$y\,(x) = d_1 \cos \omega\, x + d_2\; sen\; \omega\, x$$

Utilizando las relaciones:

$$e^{i\omega t} = \cos \omega t + i\, sen\, \omega t$$

$$e^{-i\omega t} = \cos \omega t - i\, sen\, \omega t$$

$$y\,(x) = c_1(\cos \omega t + i\, sen\, \omega t) + c_2(\cos \omega t - i\, sen\, \omega t)$$
$$= (c_1 + c_2)\cos \omega t + i(c_1 - c_2)\, sen\, \omega t$$

Dónde:

$$c_1 + c_2 = d_1$$

$$c_1 - c_2 = d_2$$

Veamos ejemplos de esto:

Si ω es una constante dada, las dos condiciones iniciales o de contorno son suficientes.

Si ω es un parámetro por determinar es necesaria una condición adicional.

Cuando la situación física necesita que se cumpla una condición de contorno periódica (cíclica)

$$y\,(x) = (x + \lambda) = c_1 e^{i\omega(x+\lambda)} + c_2 e^{-i\omega(x+\lambda)}$$
$$= c_1 e^{i\omega x} e^{i\omega\lambda} + c_2 e^{-i\omega x} e^{-i\omega\lambda}$$

Donde hemos sustituido "x" por "$x + \lambda$" en la solución general, y teniendo en cuenta que:

$e^{i\omega x} e^{i\omega\lambda} = e^{i\omega x + i\omega\lambda} = e^{i\omega(x+\lambda)}$, y , $e^{-i\omega x} e^{-i\omega\lambda} = e^{-i\omega x+(-i\omega\lambda)} = e^{-i\omega x - i\omega\lambda} = e^{-i\omega(x+\lambda)}$

La condición "$y(x+\lambda)=y(x)$", se cumple si "$e^{i\omega\lambda}=1$", y "$e^{-i\omega\lambda}=1$", simultáneamente, y esto ocurre si "$\omega\lambda$", es un múltiplo entero de 2π:

$\omega\lambda = 2\pi n\,; \qquad n = 0,\ \pm1,\ \pm2,\ \pm3, \dots\dots$

$$\omega_n = \frac{2\pi n}{\lambda}$$

(pues si "$e^{i\omega\lambda}=1$", y, "$e^{-i\omega\lambda}=1$", $y(x+\lambda) = c_1 e^{i\omega x} e^{i\omega\lambda} + c_2 e^{-i\omega x} e^{-i\omega\lambda} = c_1 e^{i\omega x} + c_2 e^{-i\omega x} = y(x)$).

Y las correspondientes soluciones son:

$$y_n(x) = c_1 e^{\left(2\pi n x/\lambda\right)i} + c_2 e^{-\left(2\pi n x/\lambda\right)i}$$

O en forma trigonométrica:

$$y_n = d_1 \cos\frac{2\pi n x}{\lambda} + d_2\, sen\, \frac{2\pi n x}{\lambda}$$

Las constantes c_1 y c_2 o d_1 y d_2 no están determinadas.

El oscilador armónico

Es un cuerpo que se mueve en línea recta por la acción de una fuerza (oscilador armónico lineal simple).

La magnitud de la fuerza es proporcional al desplazamiento "x", con respecto al equilibrio (punto fijo 0); "k" es la constante de proporcionalidad (constante de la fuerza); el signo negativo se debe a que es una fuerza de recuperación hacia la posición de equilibrio (debido a la gravedad, muelle, fuerzas de elasticidad, etc.), y asegura que la fuerza actúa en dirección opuesta al desplazamiento:

$$F = -kx$$

Igualando con la otra expresión de fuerza de Newton:

$$F = m\frac{d^2x}{dt^2}$$

(La fuerza es igual a la masa "m", multiplicada por la aceleración, que es la derivada segunda del espacio "x", con respecto al tiempo).

Igualamos las dos expresiones correspondientes a la "fuerza":

$$m\frac{d^2x}{dt^2} = -kx$$

Haciendo las siguientes operaciones para dejar "cero" en el 2º miembro de la ecuación:

$$\frac{d^2x}{dt^2} = -\frac{kx}{m}$$

$$\frac{d^2x}{dt^2} + \frac{kx}{m} = 0$$

Y definiendo:

$$k/_m = \omega^2$$

$$\frac{d^2x}{dt^2} + \omega^2 x = 0$$

Esta última ecuación obtenida es la forma estándar de una ecuación lineal homogénea con coeficientes constantes, ya estudiada en , con solución general en forma trigonométrica:

$$x\,(t) = d_1 \cos \omega t + d_2\, sen\, \omega t$$

Modela una gran cantidad de sistemas físicos: oscilaciones de una balanza de resorte (llamada entonces ley de Hooke), balanceo de un péndulo, oscilaciones de un trampolín o columpio, vibraciones atómicas, etc. (en moléculas de cristales)

ω es la velocidad angular, y multiplicada por el tiempo nos da el espacio recorrido, en grados o radianes, del proceso oscilatorio; si no es un movimiento lineal cíclico (de ida y vuelta), aunque éste sería representado por la misma ecuación y su gráfica.

www.ingramcontent.com/pod-product-compliance
Lightning Source LLC
LaVergne TN
LVHW101923220826
846093LV00009B/352